果树嫁接新技术

（第2版）

高新一　著

金盾出版社

内 容 提 要

本书由北京农林科学院林果研究所高新一研究员著。本书以文图结合的形式，深入浅出地介绍了果树嫁接的意义，果树嫁接成活的原理，砧木的作用及选择，接穗的选择与贮藏，果树嫁接的时期和准备工作，果树嫁接的23种方法，嫁接方法的23种特殊用途，以及嫁接后的管理技术等。全书内容系统，叙述具体，技术实用，适于果农和园艺技术人员阅读。

图书在版编目(CIP)数据

果树嫁接新技术/高新一著.—2版.—北京:金盾出版社，2009.6(2018.4重印)

ISBN 978-7-5082-5711-2

Ⅰ.①果… Ⅱ.①高… Ⅲ.①果树—嫁接 Ⅳ.①S660.4

中国版本图书馆CIP数据核字(2009)第051778号

金盾出版社出版、总发行

北京市太平路5号(地铁万寿路站往南)

邮政编码:100036 电话:68214039 83219215

传真:68276683 网址:www.jdcbs.cn

北京天宇星印刷厂印刷、装订

各地新华书店经销

开本:850×1168 1/32 印张:5.875 彩页:4 字数:107千字

2018年4月第2版第40次印刷

印数:514 001～518 000册 定价:17.00元

前言

嫁接是一项非常重要的果树无性繁殖技术。在我国，果树嫁接具有悠久的历史。在北魏时期，贾思勰在他所撰写的《齐民要术》一书中，对果对嫁接就有完整而系统的论述，比欧洲一些国家关于果树嫁接详细记载早1 000年左右。这是世界园艺史上不可磨灭的光辉一页，也是我国古代劳动人民对果树生产的卓越贡献。

实践证明，果树嫁接可以保持果树的优良特性，提高抗逆性，使树体矮化，改良品质，促进果树早结果，早丰产，还能充分利用果树资源。我国幅员辽阔，有适合种植各种果树的地域，而且野生果树资源非常丰富，可以充分利用这些宝贵的资源来发展果品生产。我国目前果树面积和产量都已占世界首位，但果树品种比较混杂，质量不佳的品种占有相当大的比例，经济价值低，因此迫切需要对这些劣种果树加以改造。这就必须采用省工高效的嫁接技术，使劣种改接成优种，加速良种化的进程。采用新的嫁接技术，培育生命力强的无病毒苗木，建立矮化密植、优质高产的果园。

当前，为了发展优质、高产、高效农业，广大农民掀起了科学种田的热潮。为了适应这个新形势，推动果树新品种的发展，笔者修订了《果树嫁接新技术》一书。这本书总结了笔者40多年来进行果树嫁接研究和生产实践的成果，深入浅出地阐明了嫁接的意义，介绍了嫁接成活的原理和关键技术，特别是蜡封接穗的嫁接新方法；并且用图解加以说明，使读者能看得懂，学得会，可供广大果农、果树专业技术人员、果树教学和研究工作者参考。

诚恳地欢迎广大读者对书中不足之处提出批评和建议，愿与大家共同试验和研究，为发展果树生产作出贡献。

高新一

目　录

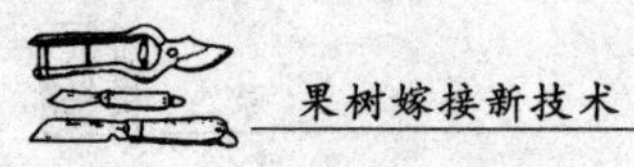

一、什么叫果树嫁接

嫁接是将两个植株部分结合起来的一种技术。它使两部分形成一个整体，成为一棵植株继续生长下去。在嫁接组合中，下面的部分通常形成根系，叫砧木；上面的部分通常形成树冠，称为接穗。用这种方法来繁殖果树，就叫做果树嫁接。在嫁接时，接穗是枝条的，称为枝接（图 1-1）；接穗是一个芽片的，即称为芽接（图 1-2）。

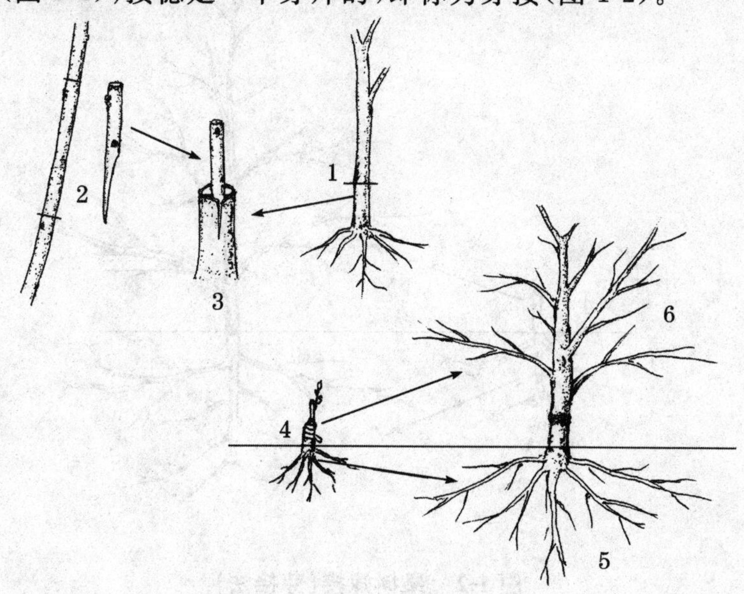

图 1-1　果树嫁接（枝接法）

1. 砧木　2. 接穗　3. 接穗一段枝条嫁接在砧木上　4. 嫁接成活后开始生长　5. 砧木形成树木的根系　6. 接穗生长形成新果树的树冠

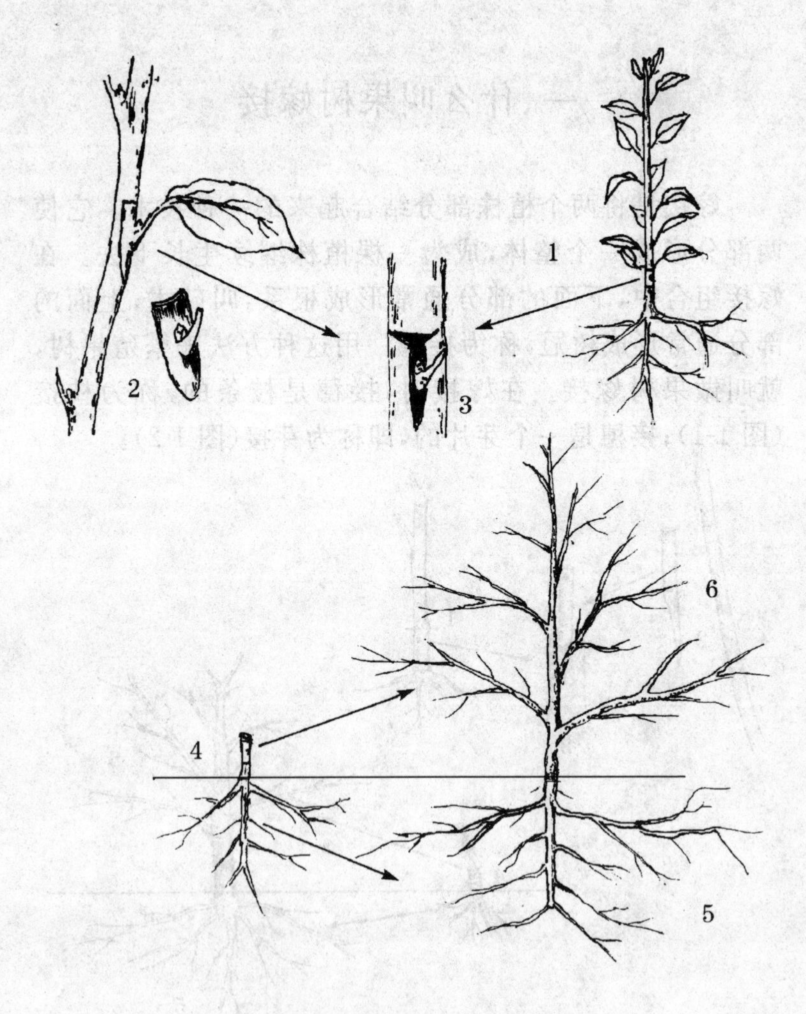

图 1-2　果树嫁接(芽接法)

1. 砧木　2. 接穗　3. 接穗的芽片嫁接在砧木上　4. 嫁接成活后将砧木地上部分剪除　5. 砧木长成新果树的根系　6. 接穗长成新果树的树冠

二、果树为什么要嫁接

培植优良果树必须采用嫁接法。为什么一定要采用嫁接法呢？因为嫁接具有以下几方面的优越性。

（一）保持和发展优良种性

用种子繁殖后代，一般不能保持母体的原有特性。由于果树多数是异花授粉植物，从不同品种之间的花粉受精后形成种子。这类种子具有父本和母本的双重遗传性，其后代性状会产生分离，就像兄弟姐妹长得不相同一样。不同果树在生长情况、外部形态、产量、品质和成熟期诸方面均有差异，这就不能形成商品生产上要求的一致性。例如核桃，我国目前生产上主要还是用种子繁殖，结果核桃果实品质差异很大（图 2-1）。

为了保持母本品种的特性，用优良品种上的芽或枝，嫁接在有亲和力的砧木上，由接穗生长出来的地上植株，因为是母株的一部分生长而成的，所以具有和母本一样的优良特性，并且保持整齐一致。这种表现一致的群体叫无性系。这种繁殖方法也叫无性繁殖，或者叫营养繁殖。

在生产中，葡萄、猕猴桃等少数果树，可用扦插、压条等方法进行无性繁殖。而大多数果树采用这种繁殖方式不容易生根，因此主要采用嫁接繁殖的方式。由于嫁接

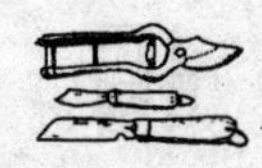

繁殖除了能保持后代的一致性外，还有其他好处，所以葡萄、猕猴桃等果树，近年来也采用嫁接繁殖。

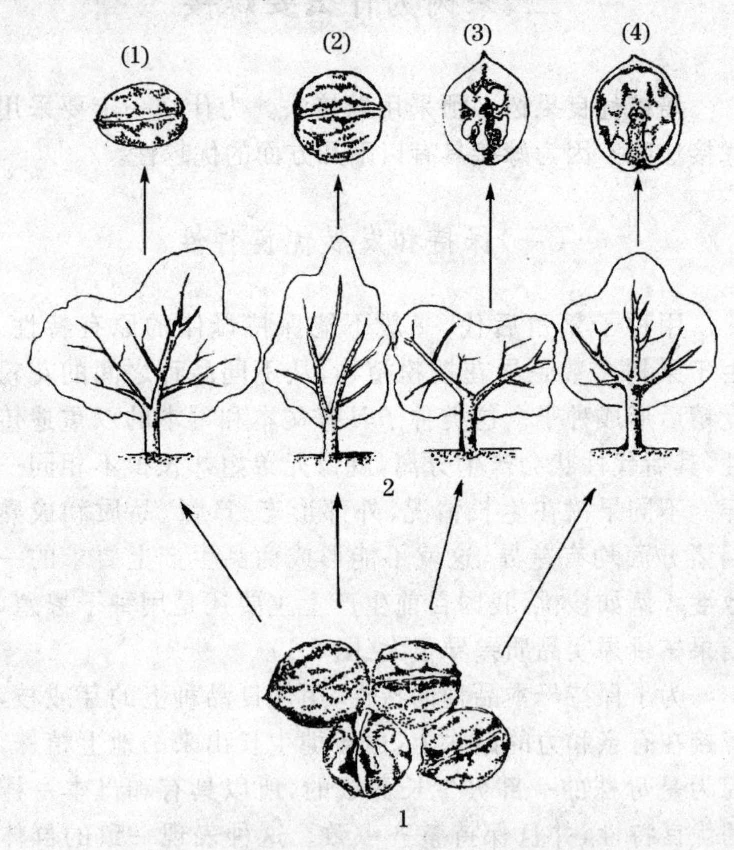

图 2-1　核桃种子繁殖后代的分离情况

1. 同一棵母树上采收的种子　2. 播种后长出的后代生长结果不一致　(1)个头小椭圆形　(2)个头大近圆形　(3)壳厚出仁率低　(4)壳薄出仁率高

(二)实现早期丰产

无论什么果树,用种子繁殖结果都比较晚。南方的柑橘,北方的苹果,一般要6~8年才结果;核桃、板栗需要10年才结果。播种的实生果树之所以结果晚,是由于种子播种后所长出的新苗,必须生长发育到一定年龄后,才能进入开花结果期。

由于嫁接树所采用的接穗,都是从成年树上采取的枝和芽,已经具有较大的发育年龄,把它们嫁接在砧木上,成活后生长发育的阶段就缩短了,能提早结果。如果接穗带有花芽,那么嫁接树在当年就能开花结果。另一方面,嫁接相当于环状剥皮,可使输导组织受阻,有利于地上部分营养物质的积累,因而也能提早开花结果。由于每棵树结果期提早,就能使果园早期丰产。

(三)促进果树矮化

目前,国内外丰产果园多采用矮化密植栽培技术,使果树生长矮小、紧凑,便于进行机械化生产管理,有利于提早丰产和提高果品的质量。

利用矮化砧木进行嫁接,是促进果树矮化的重要手段。例如,苹果树嫁接在从英国引进的M系砧木上,如果用M_9、M_{26}作砧木,其树冠只有普通树冠的1/4;用M_7、MM_{106}作砧木,其树冠为普通树冠的1/2。甜橙用枳作砧木,嫁接后表现矮化,结果早,果实品质好。用宜昌橙接

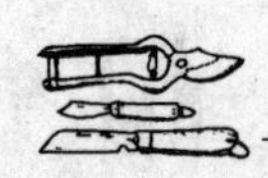

先锋橙，嫁接树也明显矮化。用榅桲嫁接梨，可使梨树生长矮化。欧洲甜樱桃可用山东的莱阳矮樱作为矮化砧木（图 2-2）。

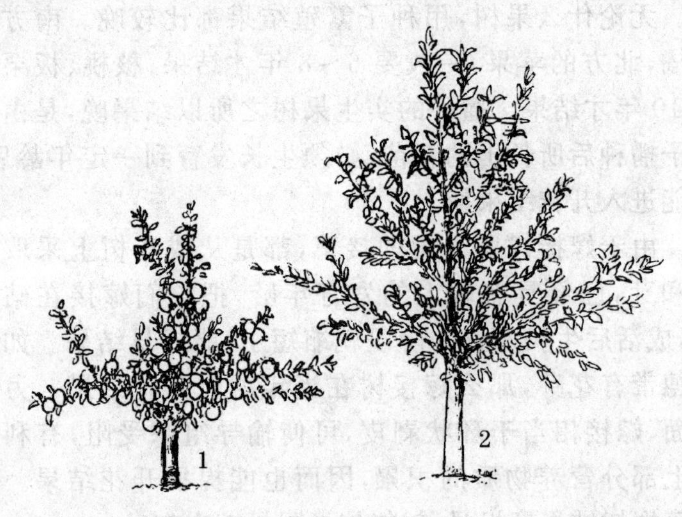

图 2-2　不同砧木形成不同程度的矮化果树

1. 用矮化砧嫁接的果树，树体小，结果早，可以密植丰产
2. 用乔化砧（普通砧木）嫁接的果树，树体高大，结果晚，不适宜密植

（四）能充分利用野生果树资源

我国广大农村，特别是山区，有丰富的野生果树资源，可以就地嫁接成经济价值高的果树。

山桃可接大桃或李子；山杏可接生食杏、仁用杏（大扁）或李子；山荆子可接苹果；海棠可接香果和苹果；杜梨

可接梨;中国樱桃、山樱桃(小樱桃)可接欧洲甜樱桃(大樱桃);黑枣可接柿子;小山楂接大山楂(红果);枳壳可接柑橘;野板栗可接板栗;黑胡桃、核桃楸可接核桃(胡桃);酸枣可接优质大枣等(图 2-3)。

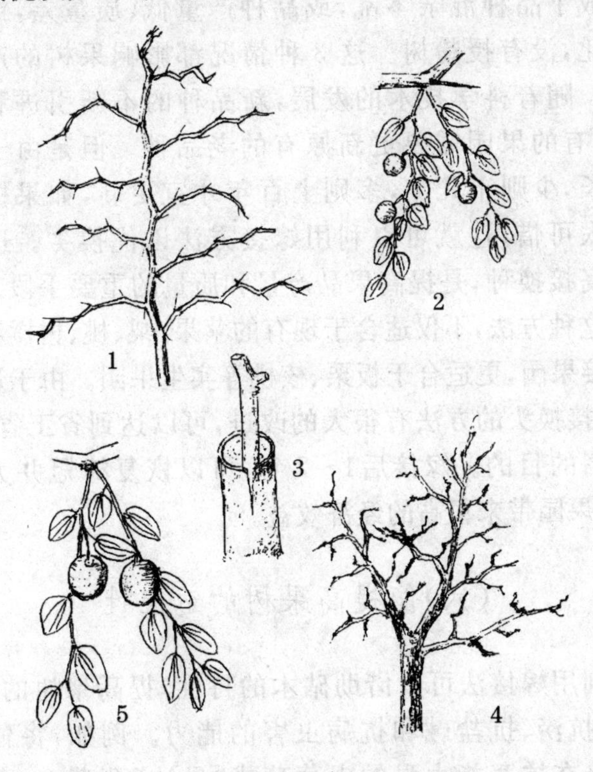

图 2-3 酸枣接大枣

1. 酸枣植株 2. 酸枣的果实 3. 用插皮接的方法将大枣接在酸枣上 4. 嫁接成活后长成大枣树 5. 大枣结果情况(图为品质优良的鲜食枣——冬枣)

(五)能对现有果树改劣换优

很多果园由于在建园时品种选择和搭配不恰当,因而造成了品种混杂零乱,或品种产量低、质量差,或品种单一化,没有授粉树。这3种情况都影响果树的产量和品质。随着科学技术的发展,新品种的不断引进和选育成功,有的果园需要更新原有的老品种。但是由于果树寿命长,少则十几年,多则上百年才宜更新,如果极早砍掉则太可惜,这就可以利用嫁接方法以优换劣。进行果树的高接换种,是提高果品产量和质量的重要手段。

这种方法,不仅适合于现有的苹果、梨、桃、柑橘和荔枝等嫁接果园,更适合于板栗、核桃等实生果园。由于近几年来,高接换头的方法有很大的改进,可以达到省工省料、成活率高的目的。嫁接后1～2年,可以恢复树冠并大量结果,给果园带来很高的经济效益。

(六)能提高果树的适应性

利用嫁接法可以借助砧木的特性,提高果树的抗寒、抗旱、抗涝、抗盐碱和抗病虫害的能力。例如,将葡萄良种嫁接在抗寒能力强的山葡萄或“贝达”葡萄上,可以提高良种葡萄的抗寒性。在我国北方地区,冬天也只需要对它浅堆土,它就能安全越冬,因而节省了大量的劳动力。苹果树用山荆子作砧木可提高抗旱性,而用海棠树作砧木则能比较抗涝和减轻黄叶病;杏树接在山杏树上,

能使杏树生长在山上，提高抗旱性；梨树接在杜梨上，可以提高抗盐碱的能力；西洋梨接在酸梨上，可以减少干腐病；甜橙嫁接在枸头橙上，能耐盐碱和抗旱涝；椪柑嫁接在红橘上，能抗脚腐病；沙田柚嫁接在酸柚上，能抗根腐病和流胶病。欧洲葡萄容易长根瘤蚜，而美洲葡萄对此则具有抗性，所以目前欧洲地区改变了以前插条的繁殖方法，而将欧洲的优质葡萄嫁接在美洲葡萄上，使品质好的欧洲葡萄品种解决了根瘤蚜危害严重的问题。由此可见，选择合适的砧木是果树嫁接中不可忽视的环节(图 2-4)。

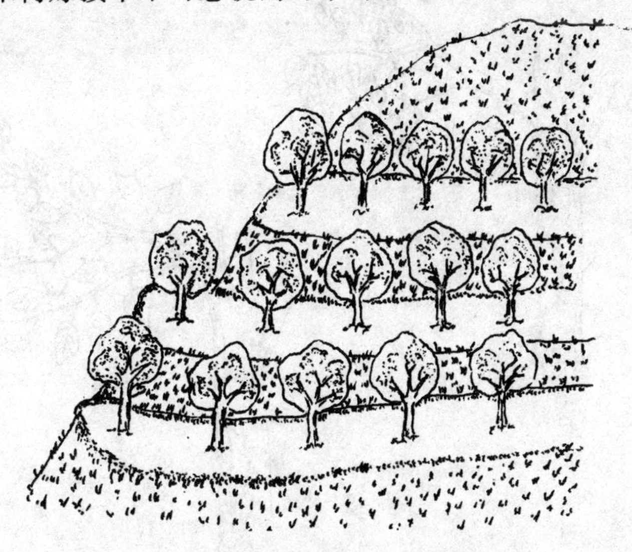

图 2-4 用抗旱的砧木嫁接可促进果树上山

(七)能挽救垂危的果树

果树的主要枝干或根颈部位，容易受到病虫危害或

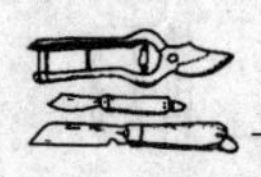

兽害,特别是受各种腐烂病危害而引起树皮腐烂。一旦受害,就破坏了地上部分与地下部分的联系,如果不及时抢救,就可能造成果树死亡。为了挽救这些受害的果树,常利用桥接法,使上下树皮重新接通,从而挽救受害的果树(图 2-5)。

另外,对于根系受伤或遭病虫鼠类危害导致地上部分衰弱的果树,可以在它的旁边另栽一棵砧木,把这棵砧木的上端与果树接起来,以增强树势,恢复结果能力。

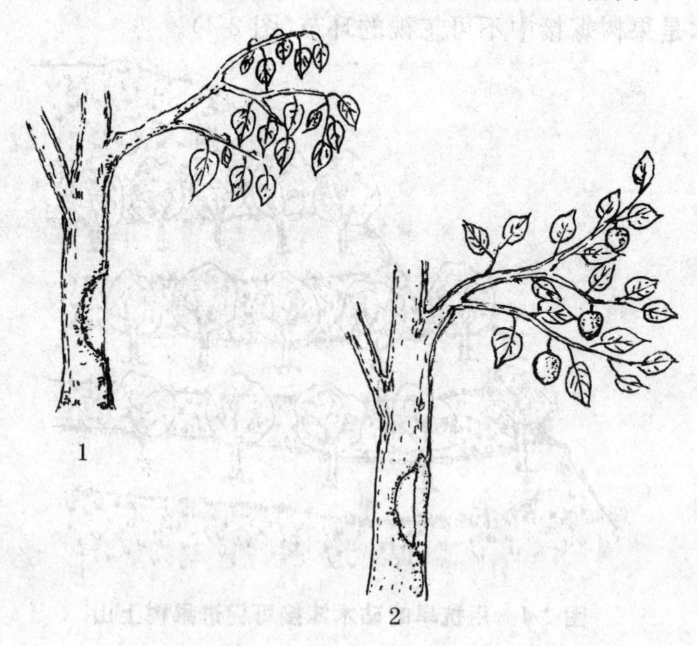

图 2-5　挽救垂危果树

1. 果树得了树皮腐烂病,树势衰弱　2. 用桥接法使病斑上下连接,果树恢复生机

三、果树嫁接成活的原理

为了掌握果树嫁接技术，必须了解果树嫁接成活的原理。这样，才能灵活掌握各种嫁接技术，达到省工省料，嫁接成活率和保存率高，而且嫁接树能良好地生长和结果的目的。

（一）形成层和愈伤组织的作用

果树生长的部位主要有 3 个：一是根尖，使根伸长，向地下生长；二是茎尖，使枝条伸长，向空中生长；三是形成层。形成层是树皮与木质部之间的一层很薄的细胞组织，这层细胞组织具有很高的生活能力，也是植物生长最活跃的部分。形成层细胞不断地进行分裂，向外形成韧皮部，向内形成木质部，引起果树的加粗生长（图 3-1）。

嫁接时期在果树的生长季节，接穗和砧木形成层细胞仍然不断地分裂，而且在伤口处能产生创伤激素，刺激形成层细胞加速分裂，形成一团疏松的白色物质。利用显微镜可以看出，这是一团没有分化的球形薄壁细胞团，叫愈伤组织，由于它对伤口起愈合作用，故又可叫愈合组织。

必须说明，愈伤组织的形成，不仅仅是来源于形成层，韧皮部薄壁细胞和髓射线薄壁细胞，也都可以产生愈伤组织。但是，从数量来看，主要还是从形成层生长出来

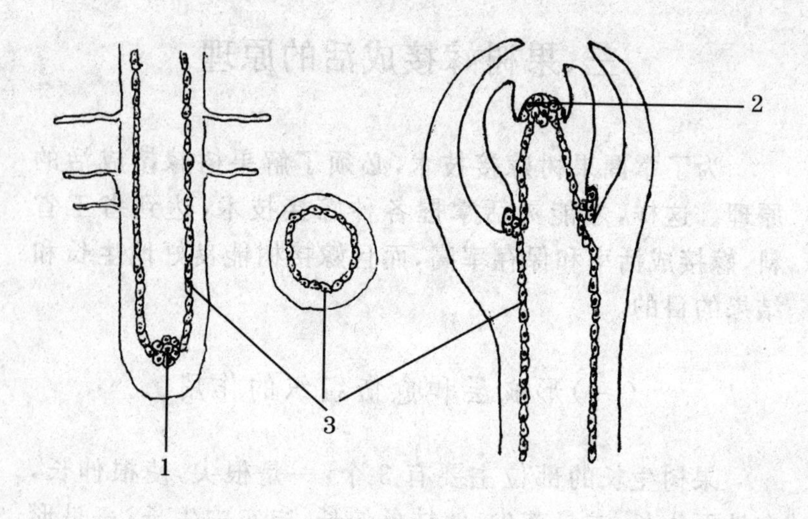

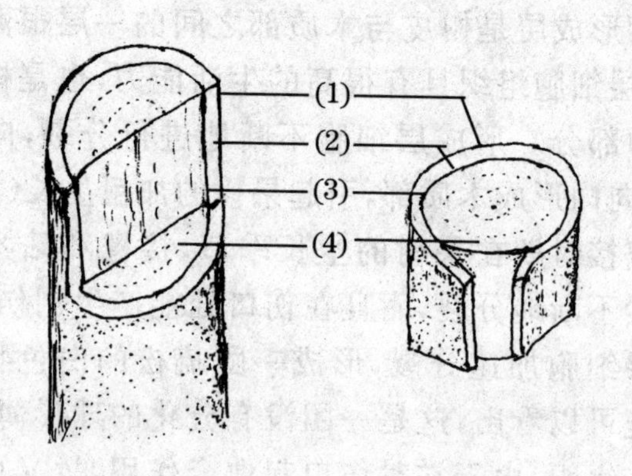

图 3-1　高等植物的生长区及树干切面

1. 根尖生长点　2. 茎尖生长点　3. 形成层　(1)表皮　(2)韧皮部　(3)形成层　(4)木质部

的。木质部在靠近形成层处，也有一些生活细胞，但稍远离形成层处即没有生活的薄壁细胞，这些细胞不能形成愈伤组织(图3-2)。

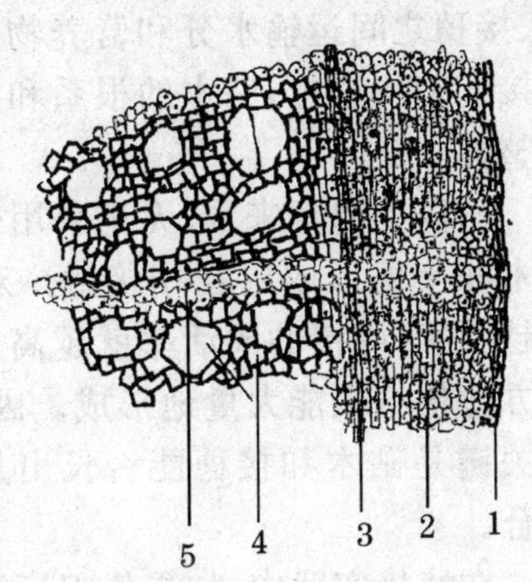

图3-2　果树枝干切面与细胞结构图

1. 表皮及皮层　2. 韧皮部多数是生活的薄壁细胞　3. 形成层是分裂活跃的细胞层　4. 木质部多数是死亡厚壁细胞，还有导管　5. 髓射线是生活的薄壁细胞

观察嫁接伤口的变化，可以看到开始2～3天，由于切削表面的细胞被破坏或死亡，因而形成一层薄薄的浅褐色隔膜。嫁接后4～5天，褐色层才逐渐消失。7天后，就能产生少量的愈伤组织。10天后，接穗愈伤组织可达到最高数量。但是，如果砧木没有产生愈伤组织相接应，那么接穗所产生的愈伤组织，就会因接穗养分耗尽而逐步萎缩死亡。砧木愈伤组织在嫁接10天后生长加快。由于根系能不断供应营养和水分，因此它的愈伤组织的数量要比接穗多得多。

嫁接时，双方接触处总会有空隙。但是愈伤组织可以把空隙填满，当砧木愈伤组织和接穗愈伤组织连接后，由于细胞之间有胞间连丝联系，使水分和营养物质可以互相沟通。此后，双方进一步分化出新的形成层，使砧木、接穗之间运输水分和营养物质的导管、筛管组织互相连接起来。这样,砧木的根系和接穗的枝芽,便形成了新的整体。

从以上原理来看,无论采用什么嫁接方法,都必须使砧木和接穗形成层互相接触。双方的接触面越大,则接触越紧密,嫁接的成活率就越高。但是,更重要的是要使双方愈伤组织能大量地形成。因此,笔者认为,嫁接成活的关键是砧木和接穗能否长出足够的愈伤组织,并紧密接合。

在嫁接实践中,如果能保证形成大量的愈伤组织,即使切削技术比较差,砧木与接穗之间的空隙比较大,但愈伤组织仍然能将中间的空隙填满,使嫁接成活。所以,为了提高嫁接成活率,就必须了解愈伤组织形成的条件。操作时满足这些条件,嫁接就能成活。

(二)愈伤组织形成的条件

形成愈伤组织要有内部条件和外部条件。其内部条件,是砧木和接穗的生命力要旺盛。砧木和接穗的生长势强,细胞分裂快,形成的愈伤组织就多,嫁接就容易成活。相反,如果接穗在长途运输中失水过多或抽干;接穗在高温下贮藏,枝条上的芽已经膨大或萌发,或者树皮已经发褐,养分已经被消耗了;接穗过于细弱,或受病虫危害,生命力差等,这些接穗形成的愈伤组织很少,或不形成愈伤组织,其嫁接成活率就低,甚至不能成活(图 3-3)。

形成愈伤组织的外部条件,是影响愈伤组织生长的 4

个方面的外部因素都要适宜。

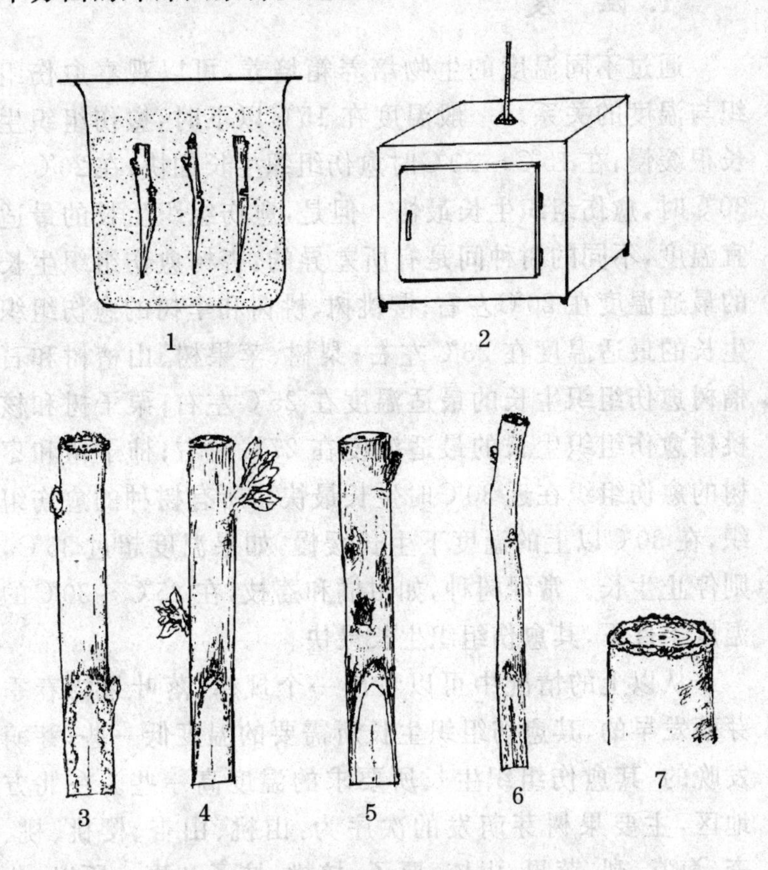

图 3-3　不同接穗愈伤组织生长情况

1. 将不同类型的接穗放在装有湿土的烧杯中　2. 放入恒温箱中培养　3. 粗壮接穗的伤口可形成大量愈伤组织　4. 已萌发的接穗形成愈伤组织很少　5. 贮藏过程中外皮已经发黑的接穗不形成愈伤组织　6. 细弱接穗比粗壮接穗形成愈伤组织少　7. 砧木在合适的条件下伤口能形成大量愈伤组织

1. 温　度

通过不同温度的生物培养箱培养,可以观察愈伤组织与温度的关系。一般温度在15℃以下时,愈伤组织生长很缓慢;在15℃～20℃时愈伤组织生长加快;在20℃～30℃时,愈伤组织生长最快。但是,愈伤组织生长的最适宜温度,不同的树种间是有所差异的:杏树愈伤组织生长的最适温度在20℃左右;樱桃树、桃树和李树的愈伤组织生长的最适温度在23℃左右;梨树、苹果树、山楂树和石榴树愈伤组织生长的最适温度在25℃左右;栗子树和核桃树愈伤组织生长的最适温度在27℃左右;柿子树和枣树的愈伤组织在近30℃时生长最快。所有树种的愈伤组织,在30℃以上的温度下生长缓慢,如果温度超过35℃,则停止生长。常绿树种,如柑橘和荔枝,在25℃～30℃的温度条件下,其愈伤组织生长最快。

从以上的情况中可以看出一个规律:落叶果树春季芽萌发早的,其愈伤组织生长所需要的温度低一些;芽萌发晚的,其愈伤组织生长所要求的温度高一些。在北方地区,主要果树芽萌发的次序为:山桃、山杏、樱桃、桃、李、海棠、梨、苹果、山楂、栗子、核桃、柿子和枣。所以,北方地区果树春季嫁接的适宜时期,也应和以上所述的果树芽萌发次序相一致。嫁接过早或过晚,都不利于愈伤组织的形成。在果树生长期进行芽接,温度一般是合适的。为了避免高温,以秋季嫁接为最好。嫁接后,要避免接芽部位被太阳光直晒。

2. 湿　度

湿度对愈伤组织的形成影响很大。当接口周围干燥时，伤口大量蒸发水分，细胞干枯死亡，不能形成愈伤组织，这往往是嫁接失败的重要原因。愈伤组织的生长情况如何，是嫁接成活的关键；而保持适宜的湿度，又是形成愈伤组织的关键。所以，保持伤口湿度，实际上是嫁接成活的关键。

只有在接口处空气湿润，相对湿度接近饱和的情况下，愈伤组织才能很快形成。以前，有的老农在春季进行枝接时，将接口用大型树叶包起来，给伤口抹泥，并放湿土来保持接口的湿度，这对提高嫁接成活率起到了一定的作用。但是，一旦遇到天气干旱，接口还会干燥，嫁接成活率很不稳定，常常不到50%。对此加以改进的方法是，在伤口处涂抹接蜡。接蜡是用蜂蜡、动物油和松香等配合烧制而成的，用它涂抹伤口，虽然能防止水分蒸发，但伤口不通气，愈伤组织也生长不好。另外，堆土是广泛采用的方法，能保持伤口的湿润。但是，高接时无法堆土，而且最大的问题是费工。因为所堆的土堆不能太小；太小则土堆很容易干。所以，必须堆较大的土堆，而且要用非常湿润的土壤才行；干燥的土壤不能用。低接时苗圃地堆土很困难，高接时堆土的困难就更大。另外，嫁接成活后，还要扒开土堆，才能使芽长出来。近年来，随着塑料薄膜的应用，人们便用它包扎接口。这既能很好地保持湿度，又能将砧木和接穗捆紧，而且操作也简便省工，从而大大提高了嫁接成活率（图3-4）。

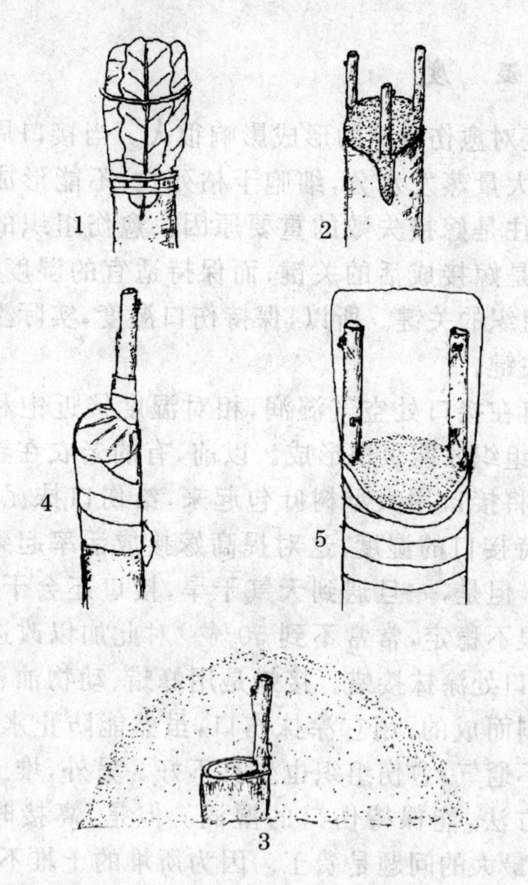

图 3-4 保持接口湿度的不同方法

1. 用槲树叶包扎，中间抹泥并放湿土。这种方法较费工，不能长期保持湿度，成活率低 2. 用接蜡涂抹伤口。采用这种方法，接穗容易抽干，嫁接成活率较低 3. 堆土堆。这种方法最费工。土堆小和土壤较干时，嫁接成活率低 4. 缠塑料条。这种方法最省工省料，但要结合进行接穗蜡封，嫁接成活率高 5. 套塑料袋。嫁接时接口抹泥后套塑料袋，能保持湿度，嫁接成活率高

3. 空　气

空气是植物生活必不可少的条件。有些树种如核桃和葡萄,春季嫁接时伤口有伤流液,影响通气。因此,应采取措施控制伤流液,以保证愈伤组织生长。以前进行嫁接,用接蜡将伤口封住,以保持水分不蒸发,但妨碍通气,影响嫁接成活率。

植物接口需要的空气量并不很多,一般用塑料袋或塑料条捆绑,并不完全隔绝空气,愈伤组织就能正常生长。

4. 黑　暗

黑暗也是影响愈伤组织生长的因素。据观察,愈伤组织在黑暗中生长比在光照下生长要快 3 倍以上,而且在黑暗中生长的愈伤组织白而嫩,愈合能力强。在光照下生长的愈伤组织易老化,有时还产生绿色组织,愈合能力没有前者好。

为了观察了解黑暗对愈伤组织生长的影响,可进行以下两种嫁接对比:一种是接口不抹泥,处于光照条件下;另一种是接口抹泥,而后又用塑料袋套起来保持湿度。嫁接半个月以后,打开伤口观察,二者愈伤组织的生长情况如图 3-5 所示。

从以上情况中可以看出,抹泥保持黑暗条件的伤口,愈伤组织生长快而多;不抹泥处于光照下的伤口,愈伤组织生长慢而少。抹的泥不能太湿。如果太湿,泥浆流入接口,就会影响成活。因此,嫁接时抹伤口必须用较干的泥,或者用湿土也可以。

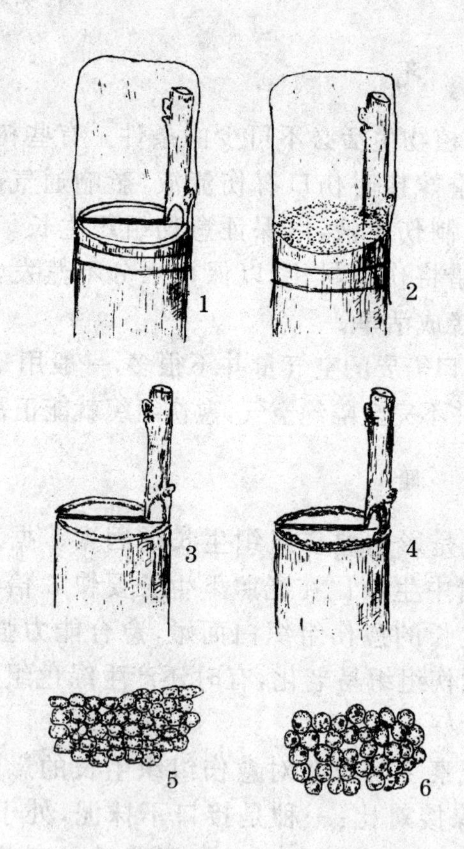

图 3-5　黑暗对愈伤组织生长的影响

1. 劈接后只套塑料袋，嫁接组合处在光照下　2. 劈接后抹泥使伤口保持黑暗，而后又套上塑料袋　3. 15 天后，光照下的伤口处形成层长出少量愈伤组织　4. 15 天后去泥观察，保持黑暗的伤口处形成层和韧皮部长出大量的愈伤组织　5. 在光照下长出的愈伤组织，细胞排列较紧密，细胞较小，有叶绿素分化　6. 在黑暗下长出的愈伤组织，细胞较大，为圆形，排列疏松，无叶绿素等分化

嫁接时，砧木和接穗的愈合主要不在表面。如果嫁接技术较好，接合严密时，砧木和接穗连接部位一般都能处于黑暗条件之下。比如芽接时，芽片内侧和砧木伤口的外侧是贴紧的；枝接时，接穗插入部分或贴合部分也基本处于黑暗条件之下。所以，除了套袋的先抹泥以外，其余用塑料条捆绑的，可以不抹泥。当然，如果在接口涂些湿土再缠塑料条，这样嫁接效果会更好。但是，为了省工，一般可不抹泥或不用湿土。

（三）砧木和接穗互相愈合过程的解剖观察

果树嫁接后 10 多天，如果打开包扎物观察，可以看出伤口形成层处首先长出白色疏松的愈伤组织，伤口的其他活细胞，主要是韧皮部薄壁细胞，也能形成少量的愈伤组织，同时把砧木与接穗之间的空隙填满，使双方的愈伤组织连接起来。从嫁接后不同时期进行解剖观察，愈合过程大致可以分成以下 4 个步骤（图 3-6）。

第一步，砧木和接穗形成层细胞向伤口外分裂和生长，形成愈伤组织。

第二步，愈伤组织薄壁细胞之间互相连结和混合。

第三步，愈伤组织中一部分薄壁细胞分化成新的形成层细胞，并且和砧木、接穗的形成层连接起来。

第四步，新形成层产生新的维管组织，形成新的韧皮部和新的木质部，并产生新的导管筛管，使双方运输系统相连通。砧木可以供给接穗水分和无机盐；接穗生长展叶，进行光合作用，并提供砧木根系所需要的有机营养。

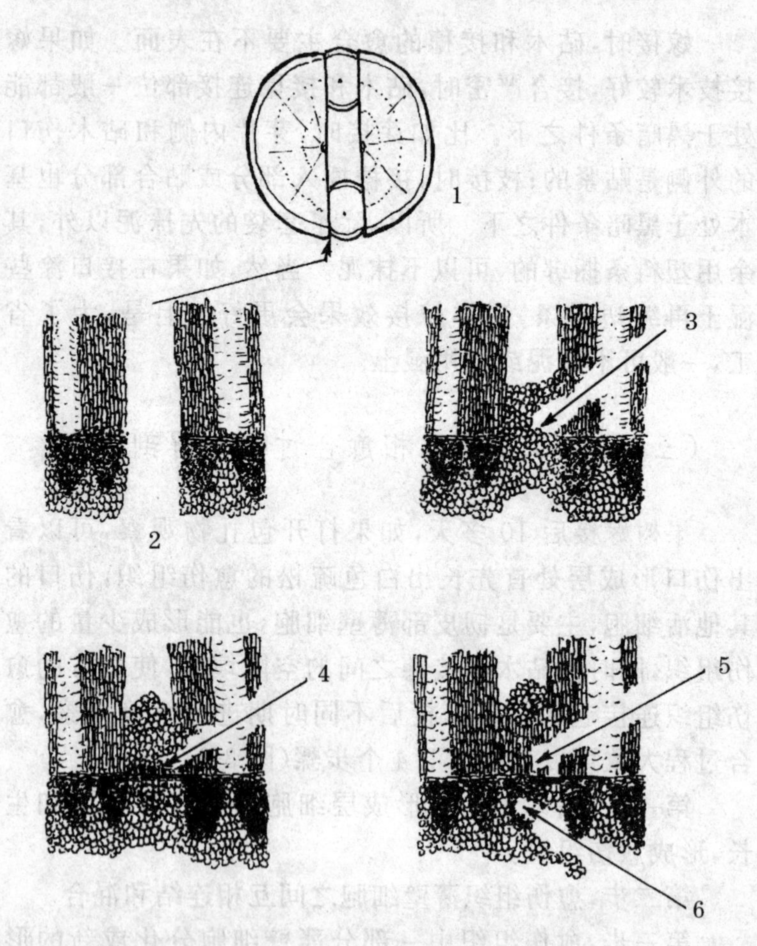

图 3-6　嫁接愈合过程的细胞学观察

1. 劈接时双方形成层相连接　2. 在显微镜下观察，接触面间有一定的空隙　3. 长出愈伤组织　4. 双方愈伤组织生长并相连接　5. 在砧木和接穗形成层连接处长出新的形成层　6. 新形成层细胞分裂，长出新的韧皮部和木质部

以上嫁接成活的过程,大约需要20多天。气温高,砧木和接穗生活力强,嫁接成活所需要的时间短一些;反之,愈合的时间则长一些。

(四)嫁接成活后的伤口愈合

果树嫁接不但要成活,还要使果树生长结果良好。目前,在果树品种改良及野生资源改造中广泛采用高接法。在高接时普遍存在嫁接头数少而接口太大的问题,虽然接头少而省工,但接口很难愈合,伤口处容易被风吹折或果实负载大而压断,同时病菌容易侵入伤口,引起枝干病害。因此,要大力提倡用多头高接、超多头高接,使嫁接伤口小,当年或第二年能完全愈合,确保果树能正常生长和结果。

在春季枝接还要注意一个问题,接穗插入砧木接口时不能将接穗伤口全部插入砧木裂口中,需要适当露白,即接穗的伤口面要露出一部分在砧木接口的上面。例如,用劈接法接穗插入砧木劈口中,要露出大约1厘米。露白有利于双方形成层对准,更主要的是接穗长出的愈伤组织能和砧木切口形成的愈伤组织连接起来,使伤口愈合良好。如果不露白,接穗和砧木愈合时,愈伤组织主要在伤口的下方愈合,而在伤口的下方形成一个疙瘩。这个疙瘩越长越大,而砧木的伤口面不能与接穗相愈合,这样伤口处很容易被风吹断,特别是大量结果后,枝条的负载量大,接口处愈合不好很容易折断。除劈接外,其他需要用接穗插入砧木中的嫁接方法都需要适当露白,才

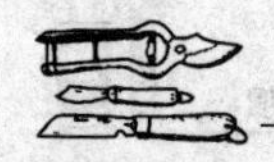

有利于砧木和接穗的良好愈合(图 3-7)。

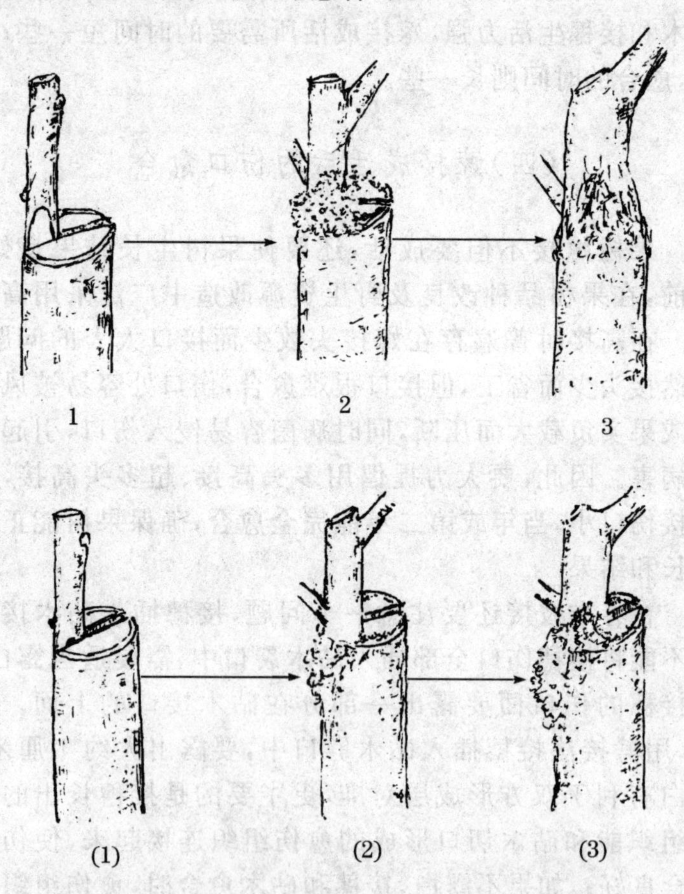

图 3-7 露白对嫁接成活后伤口愈合的影响

1. 用劈接法在接口处接穗露白约 1 厘米 2. 当年愈合情况 3. 第二年愈合情况,伤口已经包严 (1)用劈接法接穗不露白 (2)当年愈合情况 (3)第二年愈合情况,侧面形成疙瘩,伤口没有包严,枝条易折断

(五)嫁接的亲和力

嫁接后,砧木和接穗双方都能长出愈伤组织。如果从表面上看已经连接起来,嫁接就一定能成活吗?这就要看其是否有亲和力。亲和力,是指砧木和接穗通过嫁接能够愈合生长的能力。根据砧木和接穗的亲和情况,可以将嫁接亲和力的情况分成以下3种类型。

1. 无亲和力

砧木和接穗亲缘关系太远,双方不能愈合在一起,嫁接不能成活,叫无亲和力。一般在分类上不同的科与科之间的植物,嫁接都不能成活。

我国古书上曾提到很多远缘嫁接的例子,如“柿树接桃则为金桃”,“桑上接梅则梅不酸,桑上接梨则脆而甘美”,还有葡萄接于枣上的方法等,都在《种树书》中有记载。南宋张邦基撰写的《墨庄漫录》一书中,记述了梨树接于枣树上的方法,还有不少稀奇古怪的远缘嫁接的记载。古书上的这些记载,估计是谬误或流传错误,经过笔者试验都不成功,后人不必再进行验证了。

2. 有亲和力

一般来说,植物在分类上亲缘关系近的亲和力强,同一个种内不同的品种之间嫁接基本上是亲和的。同一属内种间嫁接有成功的,也有失败的。例如,苹果属种间嫁接亲和力大多表现良好。据统计,有29种苹果属植物作为苹果的砧木，双方都能愈合生长，只有少数后期生长不良。

嫁接亲和力与植物分类学上的亲缘关系有一定的矛盾。例如，日本梨几乎和梨属以外的植物都不能嫁接成活，而西洋梨却与不同属的榅桲、山楂甚至花椒都具有亲和力。温州蜜柑和同属的酸橘不亲和，而与异属的枸橘亲和。这些现象很复杂，也可能是分类学上的错误，没有反映真正的亲缘关系。

在有亲和力的嫁接组合中，有的接后寿命长，有的接后寿命较短。亲和力因果树生长的大小也有明显的差别。这说明亲和力有的强，有的较差。亲和力较差的常常表现出“大脚”和“小脚”现象(图 3-8 之 1,2)。

3. 后期不亲和

有些嫁接组合虽然能愈合生长，但经过一段时期或几年就会逐渐死去，这叫后期不亲和(图 3-8 之 3,4,5)。这种现象表现在同科不同属，或同属不同种之间，双方亲缘关系较远的嫁接。例如，20 世纪 50 年代，山东省等地推广枫杨树接核桃树，枫杨的资源很多，如果将其改造成核桃树，即能提高经济价值。经试验，在嫁接后的当年，成活率很高，生长量也很大，但砧木的萌蘖很多且去除不尽。由于萌蘖争夺营养而使接穗生长逐渐衰弱，到了冬天，枝条从上而下地抽条干梢。这样，嫁接的核桃树往往在 2～3 年之内便逐步死亡了。到了 20 世纪 60 年代初期，华北地区推广栎树嫁接板栗，当时用栓皮栎、辽东栎、蒙古栎、槲树作砧木，嫁接板栗，开始嫁接成活率一般都

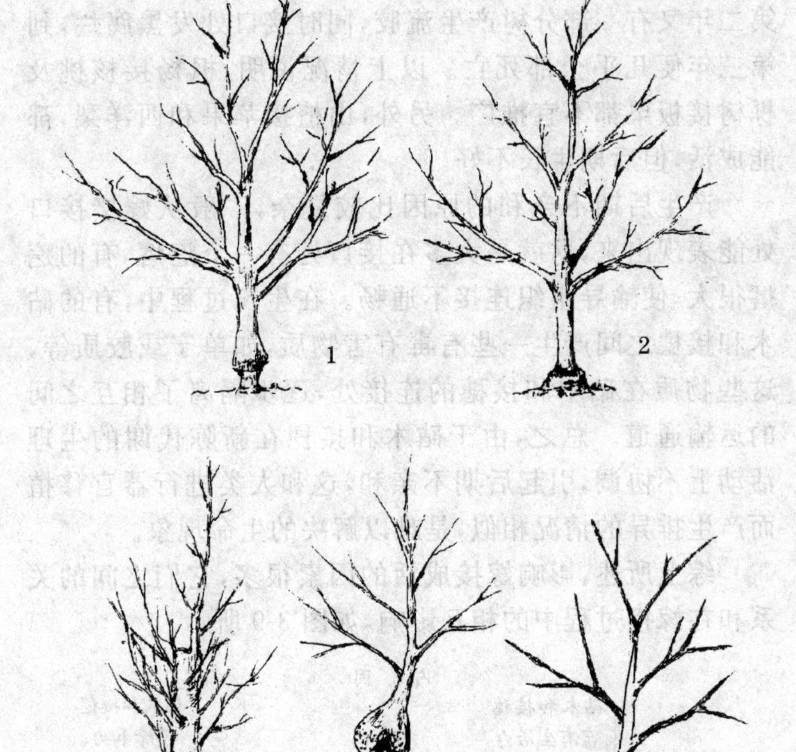

图 3-8 嫁接亲和力较差及后期不亲和现象

1. 接口形成“小脚” 2. 接口形成“大脚” 3. 萌蘖除不尽，嫁接成活后逐渐死亡 4. 接口发黑腐烂，嫁接树最后死亡 5. 嫁接树冬季抽条干梢，逐步死亡

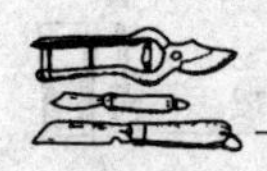

比较高，但过夏季时即逐步死亡，到冬季存活就很少了。第二年又有一部分树产生流胶，同时接口处发黑腐烂，到第三年便几乎全部死亡。以上情况说明，枫杨接核桃及栎树接板栗都不宜推广。另外，山楂接苹果和西洋梨，都能成活，但后期生长不好。

产生后期不亲和的原因比较复杂，一般从嫁接接口处能表现出来，这就是大多在接口处有一个疙瘩，有的疙瘩很大，使输导组织连接不通畅。在生长过程中，有的砧木和接穗之间产生一些有毒有害物质，如单宁或胶质等，这些物质在砧木和接穗的连接处，逐步隔离了相互之间的运输通道。总之，由于砧木和接穗在新陈代谢的生理活动上不协调，引起后期不亲和，这和人类进行器官移植而产生排异的情况相似，是难以解决的生命现象。

综上所述，影响嫁接成活的因素很多，它们之间的关系和在嫁接过程中的相互影响，如图 3-9 所示。

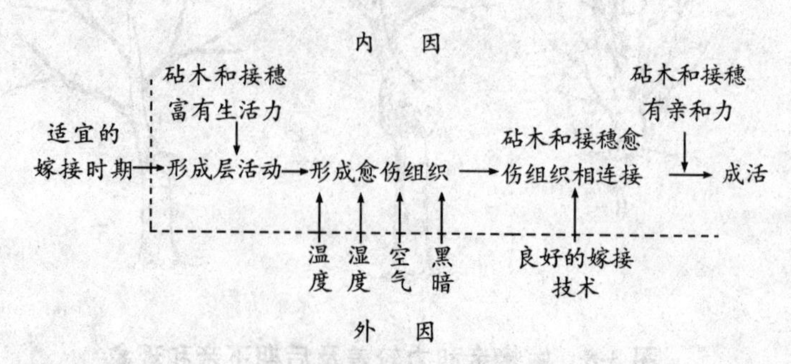

图 3-9　影响嫁接成活诸因素之间的关系

从图 3-9 中看出，从形成层活动，到形成愈伤组织，到砧木和接穗愈伤组织连接，再到嫁接成活，这是内部原

因。砧木、接穗富有生活力，并且双方有亲和力，这是嫁接成活的基础。适宜的嫁接时期、温度、湿度、空气、黑暗以及良好的嫁接技术是外部原因。内因是基础，外因是条件，外因通过内因而起作用。这个哲学原理同样适合于对嫁接过程的分析。

四、砧木的作用及选择

发展优良品种，必须采集优良品种的枝条作接穗，所以一般对接穗比较重视，而对砧木的选择却不太重视。其实，砧木对果树的寿命、生长、结果以及适应性，都有很大的影响。

（一）砧木对果树的影响

1. 对果树寿命的影响

一般嫁接树的寿命都比实生树短。这种现象的出现和砧木有密切的关系。例如，板栗实生树一般能活100～200年，用本砧嫁接（板栗树接板栗树）寿命约100年，用野板栗树嫁接板栗树，寿命只有50年左右。柑橘的寿命也很长，用枸头橙嫁接黄岩的朱红橘，橘树寿命可达200年；用小红橙作砧木，嫁接枸头橙，寿命仅70～80年；而将朱红橘接在枸橘上，朱红橘寿命约30年，其原因是由于根系衰退而死亡。苹果常用海棠或山荆子作砧木，前者比后者寿命长，用各类矮化砧作砧木，其寿命更短。桃砧木中山桃比毛桃寿命长。杏砧木中，山杏比山桃寿命长。

以上决定果树寿命的因素有2个方面，一是亲缘关系较远的寿命短，二是结果早的往往寿命也短。

2. 对果树生长的影响

利用砧木来控制树体大小，这种砧木叫矮化砧。树体矮化可以密植丰产，特别是便于机械化操作，人工管理也方便。

在苹果矮化砧的研究方面，英国东茂林试验站做了大量的工作。从 1914 年开始，该站收集了英国和欧洲一带 71 种苹果砧木，根据植物学性状分类，选出不同的类型，分别用 East Malling 编号，即东茂林 1 号、2 号、3 号等。按英文一般都取第一个字母作简化表述的做法，故叫 EM 系，为了更简便，故又称 M 系。通过嫁接效果看出：M_9、M_8 是矮化砧；M_7、M_5、M_6、M_4、M_2、M_3、M_1、M_{14}、M_{11}是半矮化砧；M_{13}、M_{15} 是半乔化砧；M_{10}、M_{12} 是乔化砧。进一步杂交选育出来的矮化砧有 M_{26}、M_{27}、MM_{106} 等。对这些砧木，我国也大量引进应用。在矮化砧中，又可分极矮化和矮化 2 类(图 4-1)。

几十年来，我国也选育出了不少苹果矮化砧。例如，山东青岛的崂山奈子，嫁接后树体明显矮小，10 年生的“红星”苹果树高 3.2 米，冠径 3.2 米；而同龄山荆子砧的“红星”苹果树，树高 5.2 米，冠径 5.5 米。山西武乡海棠树种性混杂，后代分离，使嫁接后苹果树大小有很大差别。山西省农业科学院果树研究所等单位通过单株选择，对于能引起苹果矮化的砧木根系进行无性繁殖，促进其生长根蘖苗，从中选出的砧木叫 S 系砧木。进一步用 S 系和 M 系砧木进行杂交，选出了 SH 系列砧木，目前一些系号已在生产上应用。

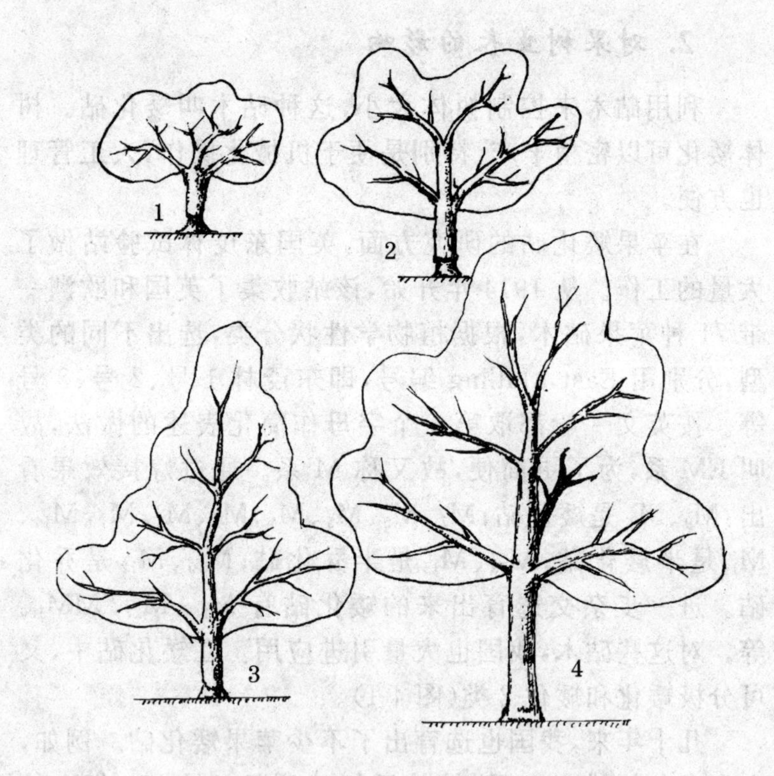

图 4-1　不同砧木对苹果树生长的影响

1. 用 M_9 作砧木表现极矮化　2. 用 M_{26} 作砧木表现矮化
3. 用 M_7 作砧木表现半矮化　4. 用海棠作砧木表现乔化

从武乡海棠树中筛选合适的砧木，进行无性繁殖很困难。

现在进一步观察到，有些海棠树作砧木嫁接苹果树后，苹果树生长结果非常一致，说明砧木种子之间没有产生性状分离。通过研究已明确，这些海棠的生殖过程是无融合生殖，也就是卵子并没有与花粉中的精子受精，直

接由没有受精的卵发育成种子。从无融合生殖的海棠中选出矮化类型，也和矮化无性系一样，能引起矮化。用这些海棠种子也可培育出无性系砧木。目前，选出具有明显矮化作用的无融合生殖的海棠，有小金海棠、陇东海棠和灵芝海棠等，其中小金海棠嫁接的苹果树，在黄河故道等地种植，表现出半矮化性状，与 M_7 相近，但果树的抗性、苹果的产量和品质比其他砧木好。

柑橘的种类很多，嫁接在不同的砧木上，生长量也各不相同。例如，温州蜜柑嫁接在甜橙或酸橙砧木上，树势高大。如果嫁接在枳（又名枸橘）砧木上，则可使树冠矮化。优质的甜橙嫁接在宜昌橙上，其树冠则极为矮化。

梨树用榅桲作砧木，可使树体生长矮小。用杜梨作砧木，由于杜梨种类繁多，因而嫁接树有乔化类型，也有矮化类型，其具体的变化规律，有待于进一步研究。

砧木对果树生长的影响，其原因比较复杂。从形态来看，根系小影响地上部分的生长。从内部生理上看，矮化砧抑制了生长素和赤霉素的形成，而减少了这 2 种激素，则影响了整个植株的生长。

3. 对果树结果的影响

嫁接树能提早结果。但是不同的砧木，其嫁接树提早结果的情况不一样，通常乔化砧结果较晚，矮化砧结果早。因此，矮化砧具有树冠矮化和早期丰产的双重优点。

砧木对果实的品质也有影响。例如，苹果树用花红树作砧木时比用山荆子作砧木时产量低，但果实大，果味甜，色泽鲜艳。在柑橘方面，砧木对果品的影响甚为明显。例如，温州蜜柑嫁接在甜橙或酸橙上则品质较差；嫁接在柚子上则结的果实皮厚，含糖量低；嫁接在枳砧上则果大，色泽鲜艳，成熟期早，糖高酸低；嫁接在南丰蜜橘上，则果皮最薄，而且口感最甜。

以上情况可见，砧木的作用不仅仅是吸收水分和无机盐，还能合成各种生物碱和激素等，可直接或间接地影响果实的品质，对地上部分有深刻的影响。

4. 对果树适应性的影响

为了提高砧木对土壤的适应性，利用野生性强的砧木就显得特别重要。为了提高抗旱性，就需要用山荆子、杜梨、山桃、山杏、野生山楂、山樱桃和酸枣等在干旱瘠薄山区生长的植物作砧木，分别嫁接苹果、梨、桃、杏、红果、樱桃和枣等果树。为了提高抗涝性，则用耐涝的海棠、榅桲、毛桃、欧洲酸樱桃等植物，分别作为苹果、梨、桃和樱桃树的嫁接砧木。利用抗寒性强的山葡萄、贝达葡萄为砧木嫁接葡萄，可提高葡萄的抗寒性，使我国北方地区种植葡萄，可以减少堆土厚度，节省劳力。

法国的桃树黄叶病非常严重，是由于缺铁所引起的。法国人选育了 GF_{677} 砧木品种，可以抗桃树黄叶病。这个砧木品种，在我国桃树黄叶病严重的地区也可以应用。近几年，我国从国外引进了抗盐碱的珠眉海棠，用以嫁接苹果树后能提高抗盐碱的能力，为北方盐碱地的利用开辟了新的途径。

(二)主要栽培果树的砧木及特性

我国主要果树的砧木及其特性,如表 4-1 所示。

表 4-1　主要果树的砧木及特性

果树种类	砧　木	嫁接树的特性
苹　果	山荆子(山定子)	抗旱、抗寒,生长结果良好,适合于山区生长,不抗盐碱和黄叶病
	海棠果(楸子)	抗旱、抗涝、抗寒、耐盐碱,在黄河流域、东北各省应用颇广
	西府海棠	适应性强,生长结果良好,适合山东、河北、山西等地应用
	河南海棠	抗旱、耐涝,耐盐碱稍差,有的类型有矮化现象,适合河南、陕西等地应用
	湖北海棠	抗旱、抗病、耐盐碱,适合四川、湖北、云南等气温较高地区应用
	小金海棠	半矮化,嫁接生长结果一致,品质好,抗性较强
	武乡海棠	矮化,早结果,丰产,生长良好,但嫁接树生长整齐度差
	陇东海棠	半矮化,根系生长良好,适应性强,植株生长整齐度差
	三叶海棠	较矮化,生长势强,耐旱,不耐盐碱,易感病毒病
	珠眉海棠	从日本引进,半矮化,抗盐碱
	新疆野苹果	耐旱、耐瘠薄,生长势强,结果早
	MM_{106}	半矮化,生长结果良好,抗根瘤蚜

续表 4-1

果树种类	砧　木	嫁接树的特性
苹　果	MM_{111}	半矮化，根系发达，土壤适应性广，结果早，丰产
	M_7	半矮化，根系较深，较抗寒、耐旱，生长结果良好
	M_{26}	矮化，根系较好，前期生长旺盛，后期明显矮化，生长结果良好，也适宜作中间砧
	M_{27}	极矮化，生长弱，结果早，适宜作中间砧和盆栽果树
	M_9	极矮化，结果早，产量高，根系浅，冬春易抽条，宜作中间砧和盆栽果树
	P 系(1、2、15、16、22)	矮化或半矮化，抗寒力强，结果早，较抗病毒病
	渥太华 3 号	矮化，抗寒力强，较抗病毒病
	崂山奈子	矮化，有小脚现象，生长势弱，丰产，结果早，品质好，抗寒性差
	晋矮 1 号	矮化，根系良好，固地性强，耐寒、抗旱，结果早
	牛筋条	矮化，根系生长良好，有待进一步选育株系
	S 系、SH 系	矮化、半矮化，适合我国气候土壤条件，有待进一步选育株系，提高无性系繁殖数量
	水栒子	极矮化，结果早，寿命短，适宜作盆栽果树
	山　楂	极矮化，后期不亲和

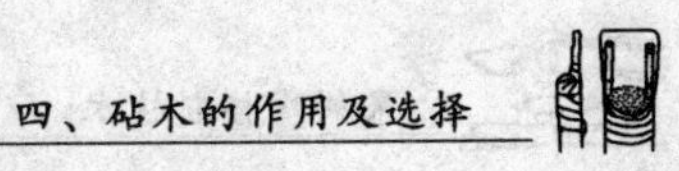

续表 4-1

果树种类	砧　木	嫁接树的特性
梨	杜　梨	根系发达，耐寒、抗旱，较耐盐碱，是我国北方的主要砧木
	豆　梨	抗腐烂病，抗旱、耐涝，是西洋梨的优良砧木，在华中、华北地区为主要砧木
	秋子梨	其野生种作砧木，根系发达，抗寒、抗病，是北方寒冷地区常用砧木
	砂　梨	其野生种作砧木，抗涝、抗旱，抗寒力差，适于温暖多雨的南方地区
	麻　梨	耐寒、抗旱，生长结果良好，为西北地区的主要砧木
	榅　桲	矮化，早期丰产，不同品种与梨的亲和力不同，其中榅桲 A 为欧美地区普遍采用的矮化砧木
	云南榅桲	极矮化，结果早，耐盐碱，抗寒力差，可在南方地区应用
	PDR_{54}	是中国农业科学院果树研究所选育的极矮化梨树砧木，抗寒性强，早丰产
	S_5	是中国农业科学院果树研究所选育的矮化紧凑型砧木，生长势较强
	花　楸	矮化，结果早，可作盆栽果树

续表 4-1

果树种类	砧　木	嫁接树的特性
桃	山　桃	根系发达，抗旱、耐寒，不耐涝，较抗盐碱，生长结果良好
	毛　桃	抗湿性强，结果早，品质好，寿命较短
	寿星桃	极矮化，结果早，果实鲜艳，风味好，寿命短，可作盆栽砧木
	毛樱桃	矮化，结果早，寿命短
	野生欧李	极矮化，结果早，果实鲜艳，风味好，寿命短，可作盆栽砧木
	GF_{677}、GF_{557}	在欧洲等地广为应用，抗黄叶病
	杏、李、山樱桃	能嫁接成活，但后期不亲和
梅	本　砧	生长旺盛、耐涝，嫁接亲和力强，寿命长
	毛　桃	前期生长良好，结果早，后期生长衰弱，寿命短
李	山　杏	根系发达，生长势强，结果较迟，不耐涝，芽接时易流胶，影响成活
	山　桃	嫁接亲和力强，生长势强，抗寒、抗旱，耐盐碱，不耐涝，是北方地区的主要砧木
	桃	与山桃相似，抗性较差
	小黄李	嫁接亲和力强，寿命长，抗寒、耐涝，适合东北地区生长
	榆叶梅	矮化，适宜密植，抗寒、抗旱，耐盐碱，不耐涝
	欧　李	极矮化，早结果，提早成熟，可作盆栽果树

续表 4-1

果树种类	砧木	嫁接树的特性
杏	山杏	耐干旱,耐瘠薄,适应性强
	山桃	结果早,适应性较差,寿命较短
	本砧	与山杏相似,但抗性较差,结果品质好
	梅、桃、李	后期不亲和
樱桃	大叶草樱	嫁接亲和力强,根系较发达,不易倒伏,寿命长,较抗根癌病
	莱阳矮樱	矮化,嫁接成活率高,不耐涝,根癌病较重
	北京对樱	适应性强,寿命长,根系浅,抗风差
	山樱桃(青肤樱)	根系发达,抗寒性强,用实生砧木生长不整齐,易感根癌病
	欧洲甜樱桃	亲和力强,生长不整齐,易感根癌病
	马哈利樱桃	嫁接成活率低,生长旺盛,树冠高大,常有后期不亲和现象
	考特(colt)	适宜无性繁殖,根系发达,抗旱、抗寒,较耐涝,生长旺盛,易感根癌病
	桃、杏、毛樱桃	不亲和或后期不亲和
红果(大山楂)	小山楂	适应性强,抗旱、耐寒,结果早,丰产
	大山楂(本砧)	同小山楂,品质好

续表 4-1

果树种类	砧　木	嫁接树的特性
核　桃（胡桃）	本　砧	生长结果良好，比实生树结果早，产量高
	铁核桃	适合南方气候，生长结果良好
	核桃楸	抗旱、抗寒，生长结果良好，有“小脚”现象，寿命较短，适合北方气候
	枫　杨	后期不亲和
薄壳山核桃	本　砧	生长结果良好，能提早结果，品质优良
板　栗	本　砧	比实生树结果早，产量高，生长结果良好
	野板栗	有矮化作用，生长结果良好，寿命较短
	各种栎类	不亲和或后期不亲和
柿	君迁子（黑枣）	根系发达，抗旱、耐寒，耐瘠薄，适应性强，寿命长，生长结果良好
	本　砧	抗性比君迁子差，有些品种有矮化作用
扁　桃（八旦杏）	桃	能正常生长结果，根部线虫病较严重
	桃×扁桃杂交种	根系发达，抗病性强，生长结果良好
	李	多数品种生长结果良好，但少数品种亲和力差
枣	酸　枣	耐干旱，抗盐碱，耐瘠薄，结果早，有矮化作用，因酸枣种类不同，矮化程度不同
	本　砧	主要用于改换优良品种
石　榴	本　砧	发展优良品种，生长结果良好
沂州木瓜	本　砧	山东沂州选出了一批优良品种，嫁接树达到良种化

续表 4-1

果树种类	砧　木	嫁接树的特性
葡　萄	山葡萄	能提高抗寒性,冬季可以少埋土或不埋土
	贝达葡萄	根系发达,生长结果良好,能提高抗寒性
	北　醇	根系发达,生长良好,果实品质优良,能提高抗寒性
	野生刺葡萄	能提高抗湿能力,在我国南方应用,生长结果良好
	家　辛	抗葡萄根瘤蚜,适宜肥沃土壤生长,在欧洲广泛应用
	美洲沙地葡萄	嫁接欧洲葡萄,可抗根瘤蚜
	圣乔治	是欧洲的抗葡萄根瘤蚜砧木,抗旱,耐瘠薄,生活力强,萌蘖要及时清除
	和　谐	美国用的重要砧木,高度抗根瘤蚜和线虫病
	SO_4	根系发达,耐干旱、耐涝,抗盐碱,丰产
	本　砧	能正常开花结果,作改良品种用
猕猴桃	软枣猕猴桃	嫁接成活率高,能正常生长结果,生长势较弱
	葛枣猕猴桃	嫁接成活率较低,生长势强
	光叶猕猴桃	嫁接易成活,生长势较弱
	本　砧	能正常开花结果,作改良品种用

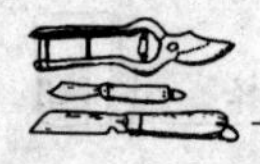

续表 4-1

果树种类	砧　木	嫁接树的特性
柑　橘*	枳(枸橘)	矮化,早结果,丰产,品质好,耐寒、耐涝、抗旱,抗裙腐病,能适应黏重土壤,不抗盐碱,常作宽皮橘类、甜橙类、金柑类砧木
	枸头橙	树势强大,根系发达,耐旱、耐湿、耐盐碱,抗裙腐病,不适于密植,结果较迟,宜作早熟品种砧木,不宜作晚熟品种及脐橙的砧木
	红　橘	生长势中等,抗寒,适于山地栽培,抗裙腐病,结果较迟
	红檬檬	前期生长旺,后期矮化,耐肥、耐涝,早期丰产,耐热,不耐寒,易衰老,适合两广地区种植
	酸　橘	长势中等,根系发达,耐肥、耐涝,丰产,抗流胶病,宜作甜橙类砧木,作温州蜜柑的砧木时易患青枯病
	本地早	生长势强,枝条紧凑,结果性能好,抗旱、抗寒,较耐盐碱,苗期生长较慢,温州蜜柑在山地、海滨、滩涂生长结果良好
	枳　橙	根系发达,生长势旺,抗寒,耐瘠薄,结果早,丰产,不耐盐碱
	香　橙	树势旺盛,抗旱、抗寒,耐瘠薄,耐湿性差,结果迟,后期丰产
	柠　檬	根系发达,植株高大而丰产,抗病性强,结果稍迟,有时品质较差
	酸　柚	树冠高大,适应性广,丰产,不耐寒,一般作为柚类砧木

续表 4-1

果树种类	砧木	嫁接树的特性
金橘	枳	发展优种或盆栽矮化品种
枇杷	本砧	多数品种用本砧,生长结果良好
	台湾枇杷	适宜气温较高地区,能正常生长和结果
	榅桲	在欧洲、澳洲主要采用,有极矮化作用,亲和力较差
	石楠	江苏吴县应用,后期亲和力差
杨梅	本砧	提早结果,生长结果良好
荔枝	淮枝	可以作“糯米糍”、“桂味”、“白蜡”、“白糖罂”等品种的砧木,亲和性好,结果品质好
	桂味	适宜作“糯米糍”砧木,生长结果良好
	大造	适宜作“妃子笑”的砧木,嫁接“糯米糍”、“白糖罂”亲和力差
	甜岩	适宜接“糯米糍”
	黑叶	适宜接“桂味”
	山枝	可作所有品种的砧木,但要求“山枝”实生树中早熟类型嫁接早熟荔枝品种,晚熟类型嫁接晚熟品种
龙眼	本砧	提早结果,能保持优良品种的特性
香榧子	粗榧	利用野生资源发展香榧,生长结果良好
	本砧	可提早结果,可以把雄性株嫁接成雌性的结果树

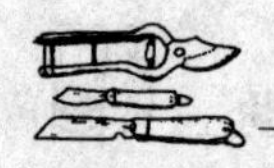

续表 4-1

果树种类	砧　木	嫁接树的特性
油橄榄	本　砧	实生苗嫁接后生长结果有差异，用无性系生长结果一致
杧　果	本　砧	不同品种的杧果都可以作砧木，但海南东方土芒嫁接后树皮光滑，植株抗裂皮病、流胶病。另外，大叶食用杧果也适宜作砧木
木菠萝	本　砧	提高品质，实现良种化，提早结果
阳　桃	本　砧	提高品质，实现良种化，提早结果
橄　榄	大橄榄、土橄榄	实生种改造成优种，提早结果
莲　雾	本　砧	发展优良品种，提高品质
毛叶枣	本　砧	发展优良品种，提早结果
	金丝小枣	前期生长良好，能在温室大棚生长，但尚需进一步观察
银　杏	本　砧	接穗芽一般斜向生长，在主干高位嫁接，生长结果良好
果　桑	本　砧	生长结果良好，提早结果，提高抗性
沙　棘	中国沙棘	生长结果良好，提高抗性，改换良种
钙　果	欧　李	钙果是欧李中选出的优种，通过嫁接发展良种

* 柑橘砧木种类很多，其每一种都有一定的适应范围。其中枳是应用最多最广的柑橘砧木，常作宽皮橘类、甜橙类、金柑类砧木，但不宜作蕉柑、新会橙、柳橙、浙江本地早、槾橘等类的砧木，以免黄化早衰。另外，枳嫁接柠檬，产量低，易得裂皮病。枸头橙宜作早熟温州蜜柑及甜橙类砧木，不宜作脐橙、迟熟温州蜜柑的砧木。红橘适宜在四川、福建作椪柑、甜橙、红橘和柠檬的砧木，红檬檬适合广东等南方地区应用，浙江等靠北地区不适宜。本地早则适宜浙江温州等靠北地区应用。酸橘宜作甜橙类砧木，不宜作温州蜜柑的砧木

五、接穗的选择与贮藏

（一）接穗的选择

嫁接是一种无性繁殖的方式。无性繁殖的主要优点是，能保持母本的品种特性，同时发展很快。无性繁殖也存在一个缺点，就是母本如果有病虫害，特别是病毒病害，可以通过无性繁殖传染给后代，并且很快传播。

为了避免病虫害的传播，在采用接穗时，不能采用带有病虫害的枝条。特别要选择不带病毒病的健康的丰产树作为采穗母树。很多病毒病是通过嫁接传染的。例如，苹果花叶病、锈果病、褪绿叶斑病；柑橘的黄龙病、裂皮病、罹病、衰退病；枣树的枣疯病等。感染这些病害的枝条，不能用来作接穗。但是，对于这些病害，只要嫁接时严格选用接穗，是可以避免传播的（图 5-1）。

采集接穗时，除了要注意不能采集有病虫害的枝条外，还要注意所采集枝条的部位。不同部位的枝条发育年龄不同。接穗的发育年龄直接影响开花结果的年限。采用下部徒长枝或幼树枝条作接穗，由于发育年龄小，嫁接后开花结果晚；采用丰产树上部的枝条进行嫁接，接穗的发育年龄大，嫁接后开花结果早；采用花芽作接穗当年就能开花，但一般生长较弱，因而只有特殊需要时才可以采用（图 5-2）。

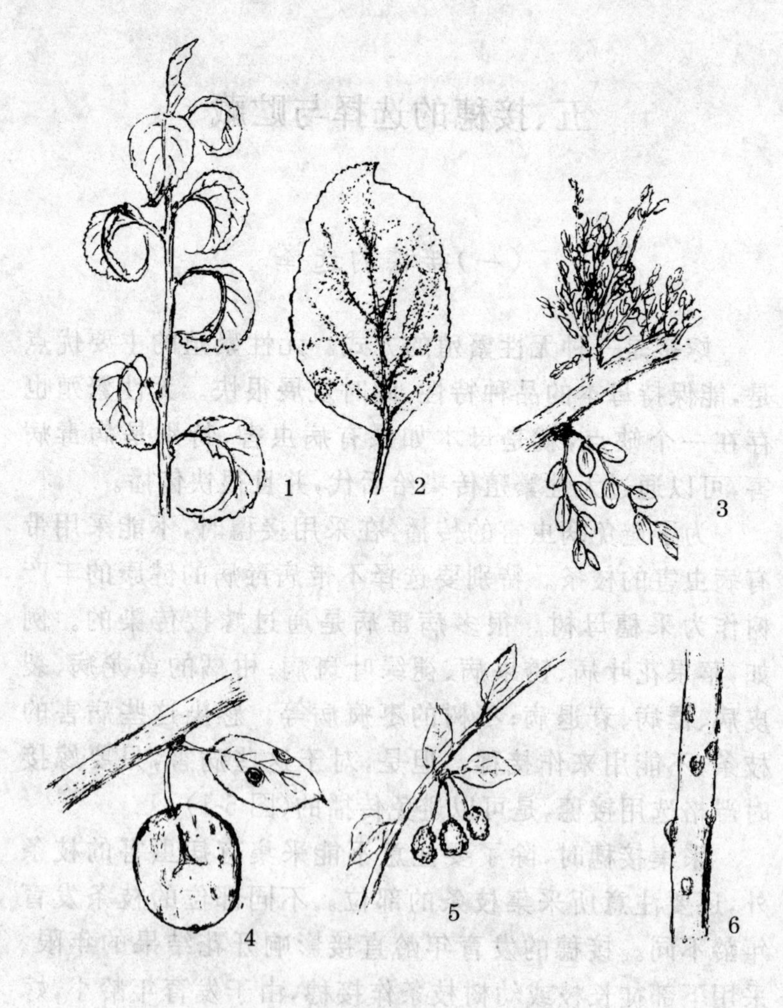

图 5-1　不能作接穗的带病虫害枝叶

1. 患褪绿叶斑病的枝条　2. 患花叶病的叶片　3. 患枣疯病的枝条　4. 患锈果病的枝条　5. 患小果病的枝条　6. 有介壳虫的枝条

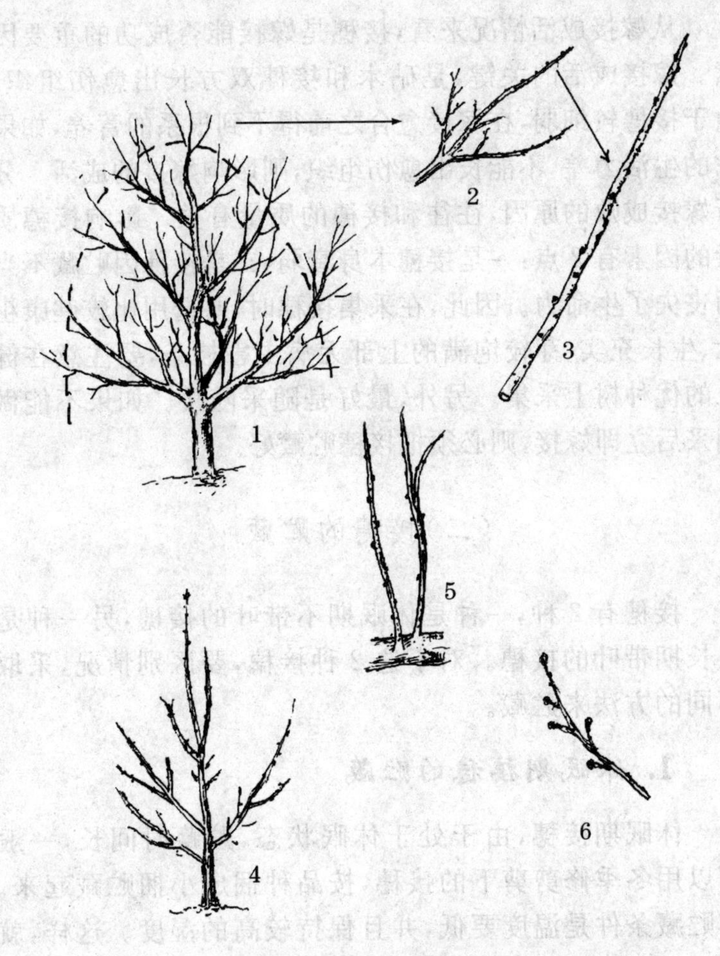

图 5-2 选用接穗的部位

1. 成龄优质丰产健康果树 2. 采用外围枝作接穗 3. 外围充实的发育枝可以作接穗 4. 幼树上的枝条不宜作接穗 5. 成龄树下部徒长枝不宜作接穗 6. 必要时采用开花枝作接穗，当年可开花结果，但生长较弱，故一般不采用

从嫁接成活情况来看,接穗是嫁接能否成功的重要因素。嫁接成活的关键,是砧木和接穗双方长出愈伤组织。由于接穗较细弱,在嫁接愈合之前得不到根系的营养,如果它的生活力差,不能长出愈伤组织,则影响嫁接的成活。分析嫁接成败的原因,往往和接穗的质量有关。影响接穗质量的因素有2点:一是接穗本身衰弱,二是接穗因贮藏不当而丧失了生命力。因此,在采集接穗时,要选用比较健康粗壮、生长充实、芽较饱满的上部无病虫害枝条,要注意在健壮的优种树上采集。另外,最好是随采随接。如果不能做到采后立即嫁接,则必须把接穗贮藏好。

(二)接穗的贮藏

接穗有2种,一种是休眠期不带叶的接穗,另一种是生长期带叶的接穗。对于这2种接穗,要区别情况,采取不同的方法来贮藏。

1. 休眠期接穗的贮藏

休眠期接穗,由于处于休眠状态,贮藏时间长,一般可以用冬季修剪剪下的接穗,按品种捆成小捆贮藏起来。其贮藏条件是温度要低,并且保持较高的湿度。这样,就能使枝条在低温下休眠,并且不失掉水分,因而不会降低生活力。贮藏休眠期接穗,一般有以下2种方法。

第一种是窖藏。即将接穗存放在低温的地窖中。北方农民常用贮藏白薯、白菜、萝卜的地窖。可以在这种地窖中挖沟,将接穗放在沟中,使其大部分或全部被埋起来。埋接穗所用的土或沙子要疏松湿润，不能用干土埋。如果地窖和埋的土或沙子湿度大，则可以只埋接穗的大部分，使其上部露出地面；如果地窖和埋的沙子或土湿度小，则要将接穗全部埋起来。地窖的温度最好在0℃左右（图 5-3）。

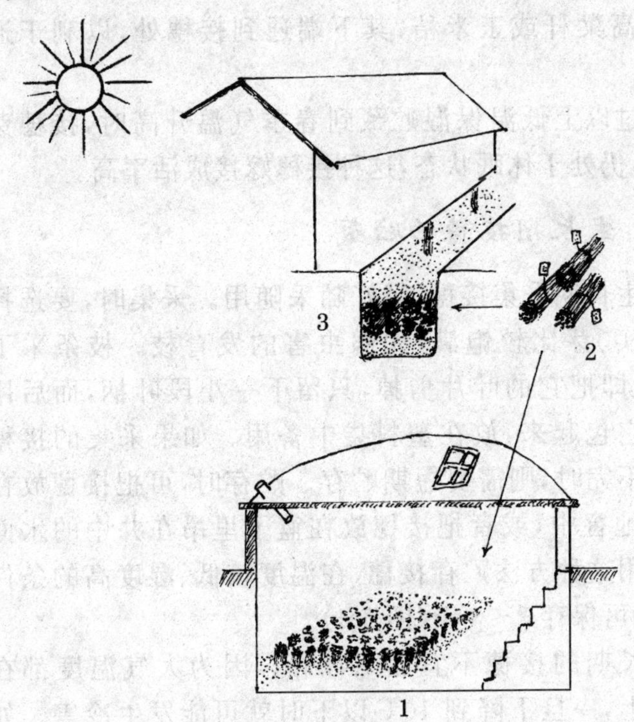

图 5-3　休眠期接穗的贮藏

1. 在地窖中存放接穗　2. 按品种捆好接穗，挂上标签
3. 在贮藏沟内贮放接穗

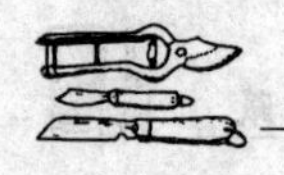

第二种是沟藏。如图 5-3 所示，在北墙下阴凉的地方挖沟，一般要在土壤冻结之前挖，沟宽约 1 米，深也约 1 米，长度可依接穗的数量多少而定，数量多时可挖长一些。将冬季剪下的接穗捆成小捆，用标签注明品种，埋在沟内，上面用疏松湿润的土或湿沙埋起来，每隔 1 米竖放一小捆高粱秆或玉米秸，其下端通到接穗处，以利于通气。

通过以上低温保湿贮藏到春季气温升高时，接穗芽不萌发，仍处于休眠状态，这种接穗嫁接成活率高。

2. 生长期接穗的贮藏

在生长期采集接穗，最好随采随用。采集时，要选择生长充实、芽比较饱满，无病虫害的发育枝。枝条采下后，要立即把它的叶片剪掉，只留下一小段叶柄，而后用湿布把它包起来，放在塑料袋中备用。如果采集的接穗当天用不完时，则需要短期贮存。贮存时，可把接穗放在阴凉的地窖中，或者把接穗放在篮子里吊在井中的水面上。采用这种方法贮存接穗，在温度较低、湿度高的条件下，接穗可保存 2～3 天(图 5-4)。

生长期的接穗不宜放入冰箱。因为大气温度都在 20℃以上，一旦下降到 10℃以下时就可能发生冷害。如果利用空调将温度调到 10℃～15℃，则贮存生长期接穗最适宜。

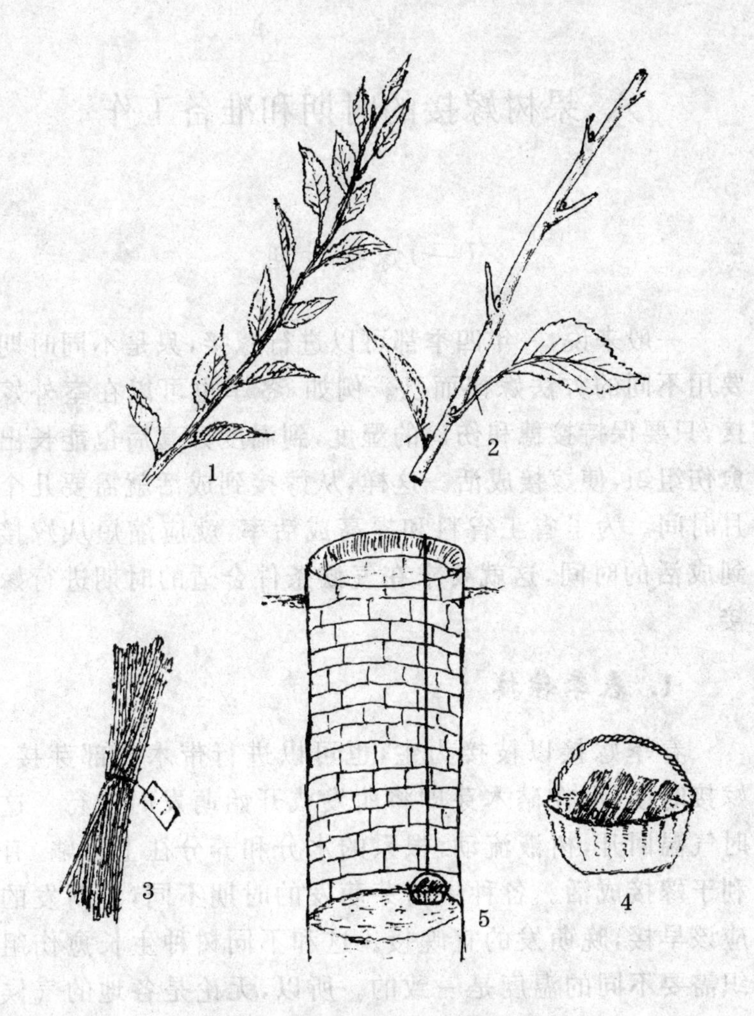

图 5-4　生长期接穗的采集和贮存

1. 剪下的接穗　2. 剪去叶片，留一段叶柄　3. 捆成小捆，挂上品种标签　4. 放在篮子里　5. 吊在井中水面上

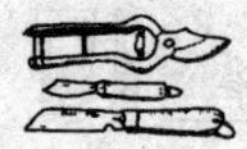

六、果树嫁接的时期和准备工作

(一)嫁接时期

一般来说,一年四季都可以进行嫁接,只是不同时期要用不同的方法嫁接而已。例如,冬季也可以在室外嫁接,只要保持接穗和伤口的湿度,到温度升高后也能长出愈伤组织,使嫁接成活。这样,从嫁接到成活就需要几个月时间。为了省工省料和提高成活率,就应缩短从嫁接到成活的时间,这就要求在气候条件合适的时期进行嫁接。

1. 春季嫁接

春季嫁接以枝接为主,也可以进行带木质部芽接。嫁接时期,可在砧木芽即将萌发或开始萌发时进行。这时气温回升,树液流动,根系的水分和养分往上运输,有利于嫁接成活。各种果树芽萌发的时期不同,早萌发的应该早接,晚萌发的宜晚接。这和不同树种生长愈伤组织需要不同的温度是一致的。所以,无论是各地的气候条件如何不同,特别是山区各地小气候的不同,还是不同树种、不同品种之间如何有差别,只要掌握物候期这个原则就可以使嫁接成功。

嫁接时,必须使用尚未萌发的接穗,因为萌发的接穗

一般嫁接后不能成活。为了保证嫁接成活，接穗必须及时冷藏起来，以防止它在嫁接前萌发。因此，前面讲的接穗贮藏，不仅为了保证嫁接时有足够数量的接穗，而且为了防止接穗在嫁接前萌发，以便能适时嫁接，提高嫁接的成活率。

必须指出，合适的嫁接时期不单是以成活为标准，还要考虑到成活后的生长情况。如果在砧木展叶以后嫁接，由于气温高，愈伤组织能很快生长，成活率很高。但是，砧木根系的营养在大量展叶及开花时被大量消耗，甚至被耗尽，嫁接成活后接穗的生长量便大大降低，常常不能过冬而死亡。因此，过晚嫁接是不适合的（图 6-1）。

对于春季嫁接时期，以前要求比较严格，要求在砧木芽萌发时嫁接。原因是气温较高时嫁接愈合快，成活率高。老的嫁接方法，很难保持接口的湿度，很难保证接穗不抽干。如果嫁接过早，气温低，愈合慢，接穗就会在愈合成活之前抽干。塑料薄膜和蜡封接穗应用于嫁接以后，可以保持接口湿度和接穗的生活力，因而嫁接时期可以适当提早。提早嫁接，可以提前萌发，接穗生长时期长，恢复树冠快，能提早生长和结果。这对于高接换种嫁接来说，是非常重要的。

2. 生长期嫁接

生长期嫁接的方法很多，芽接是最主要的方法。适宜芽接的时期比较长，但一般宜在枝条上芽成熟后进行。如果芽接过早，芽分化不完全，鳞片过薄，表皮角质化不完全，所切取芽片过薄过软，嫁接便难以操作，同时成活

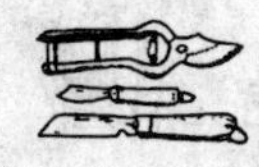

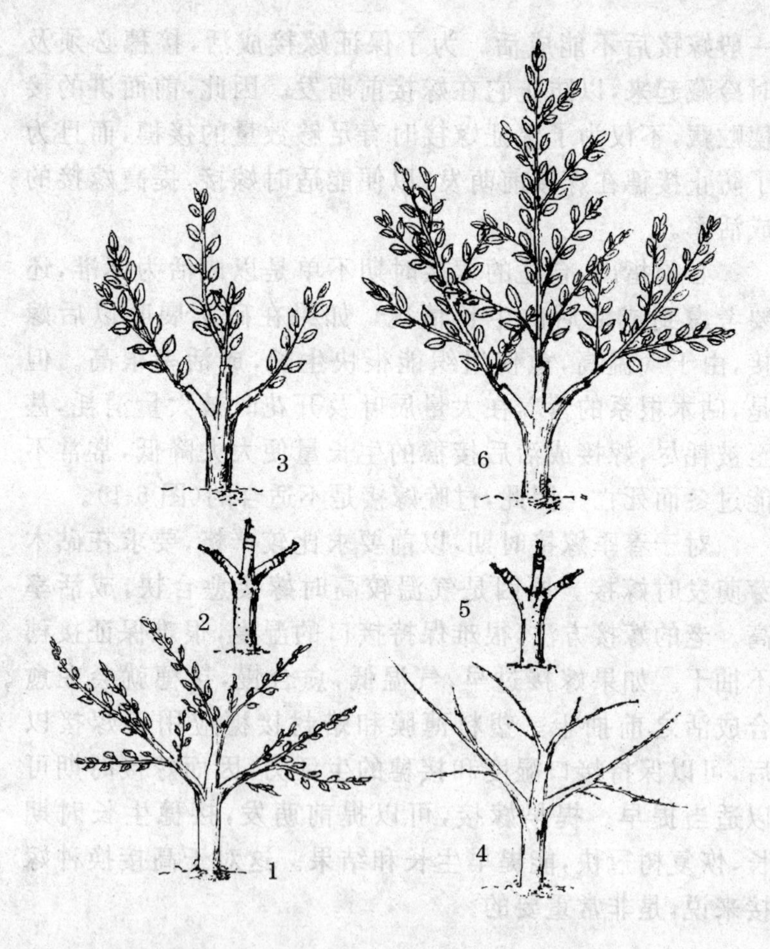

图 6-1　不同嫁接时期对生长量的影响

1. 嫁接时期在砧木展叶后　2. 用展叶砧木进行多头高接
3. 嫁接成活后生长量小　4. 嫁接时期在砧木展叶之前
5. 用未展叶砧木进行多头高接　6. 嫁接成活后生长量大，很快恢复树冠

率也低。如果芽接过晚，气温低，砧木和接穗形成层不活跃，表现出不易离皮，这时愈伤组织生长慢，也影响成活率。因此，以在接穗成熟而离皮时嫁接为最好，一般在夏末秋初。近年来，不少地区的嫁接者，做到了当年嫁接当年成苗。经验表明，嫁接时期提前到 5 月份也是可以的，其主要的技术措施，一是促进砧木早期生长，二是选用较成熟的枝条作接穗。

除采用以上的离皮芽接外，也可以采用带木质部芽接。这种方法的嫁接时期更长，春季可以和枝接法同时嫁接，芽片可以用 1 年生休眠枝的芽。如果 1 年生枝前端芽已萌发，则可以用后端未萌发的芽进行嫁接。这种方法的嫁接时期比春季枝接的要晚一些。以前进行嫁接，要考虑躲开雨季。现在嫁接时采用塑料条捆绑，可以防止雨水浸入，因此嫁接时期可不必躲开雨季。

南方常绿果树嫁接时期更长，一年四季都可以进行，但是还是以在春、秋两季为最好。春季嫁接在新梢生长之前进行，嫁接成活后即能生长。秋季嫁接后接芽休眠，到春季剪砧后萌发。春秋时期嫁接，气温合适，成活率高。

（二）嫁接工具和用品

嫁接和动手术一样，需要一些特殊的工具和用品（图 6-2）。嫁接开始前，要对所用工具进行检查。刀锯之类要快。刀不锋利，不但影响操作，减慢速度，而且由于削不平，会使接穗、砧木双方接触不好，同时还会使伤口面细

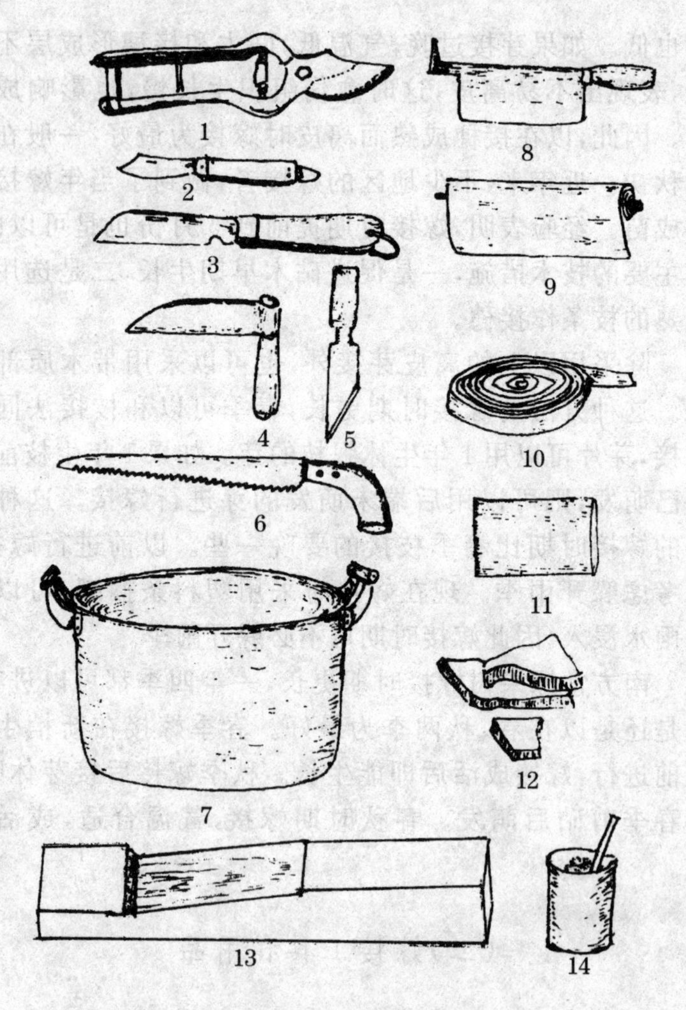

图 6-2 嫁接工具和用品

1. 剪枝剪 2. 芽接刀 3. 切接及削粗壮接穗用的电工刀 4. 小镰刀 5. 切接刀 6. 手锯 7. 熔蜡锅 8. 劈接刀 9. 塑料薄膜 10. 塑料条 11. 塑料袋 12. 石蜡 13. 木托 14. 接蜡

胞死亡增多，因而影响嫁接成活。另外，要准备好塑料条和塑料袋。要根据接口的大小，裁好合适宽度的塑料条，选择好合适的塑料袋。熔蜡锅和石蜡是春季枝接前对接穗进行蜡封时所用的，也应根据实际需要准备好。

这里需谈一下接蜡问题。长期以来，我国农民习惯在嫁接口抹黄泥，而国外习惯用接蜡。接蜡能控制伤口水分蒸发，对伤口起保护作用。由于塑料薄膜的应用，一般嫁接就不必用接蜡，因为塑料薄膜能起到控制伤口水分蒸发和保护伤口的作用，同时又能起到固定作用，促使砧木接穗伤口紧密接触。但是笔者体会，对于大砧木上选用的皮下腹接，以及挽救垂危古树的桥接等嫁接，由于接口部位砧木很粗，无法用塑料条捆紧、扎严，而涂抹接蜡则是最有效的方法。

接蜡有 2 类。一类是热接蜡，在使用前需要加热软化，而后用以涂抹伤口。另一类是软接蜡，使用时不需要加热，直接涂抹在嫁接伤口处，捏紧就行了。这里介绍 2 种使用方便的软接蜡的制作方法。由于其柔软程度不同，因而分别具有不同的成分，而且制作方法也不同。

第一种：松香 4 份，加蜂蜡 2 份，加动物油 1 份。制作时，先熔化动物油，然后加入蜂蜡，完全融合后再加入松香。当三者完全熔化在一起后，将这些混合液倒入盛有冷水的容器内，冷却后取出，用手揉捏，直到变为淡黄色为止，然后做成小球，用蜡纸或塑料薄膜包裹，贮存备用。

第二种：松香 4 份，加蜂蜡 1 份，加动物油 1 份。制作方法同第一种。由于动物油的比例提高，这种接蜡比较软一点，操作方便，但在气温很高的烈日下易过于软化。动物油一般可用猪油，如用牛油则硬度大一点。

以上 2 种软接蜡，在天气冷时以用第二种为好，温度较高时以用第一种为好。在采用皮下腹接等嫁接方法时，伤口用接蜡堵住即可，使用很方便。

另外，木托用于切削粗壮和木质坚硬的接穗，将接穗放在木托的斜面上，用刀向前推削，可使削面平滑，提高嫁接切削质量。

（三）接穗蜡封的意义和方法

从嫁接到砧木接穗双方愈合，一般需要半个月时间。在这半个月内，接穗还得不到砧木水分和营养物质的供应，却要消耗养分来长出愈伤组织，很容易抽干而影响嫁接成活率。为了保持湿度，防止接穗抽干，以前多用堆土法，或叫埋土法，每接一棵就要堆一个湿度适当的土堆。接穗萌芽后，又要及时扒开土堆。这都是非常费工的。同时，采用高接法进行嫁接时也无法堆土。对于高接法嫁接，以前群众采用黄泥加大型树叶包裹伤口的方法来保湿，但是成活率不稳定，天气干旱时很难成活。随着塑料工业的发展，采用塑料薄膜包扎接口，使保湿工作简便了许多，也提高了嫁接成活率。但是，要把整个接穗包起来，又要把接口捆紧，嫁接成活后还要打开口，因而仍然费工费料。近年来，笔者经过研究和试验，在嫁接中采用蜡封接穗，获得成功，达到了省工、省料和嫁接成活率高的目的。我认为，这是嫁接技术上的一次重大革新。

蜡封接穗，就是用石蜡将接穗封闭起来，使接穗表面均匀地分布一层薄石蜡。这样，接穗的水分蒸发大大减少，但又不影响接穗芽的正常萌发和生长。

蜡封接穗的方法很简单。将市场销售的工业石蜡切成小块，放入铁锅或铝锅、罐头筒、洗脸盆等容器内，然后加热至熔化。把作接穗用的枝条剪成嫁接时所需的长度，一般长 10～15 厘米，顶端保留饱满芽。当石蜡温度达到 100℃左右时，将接穗的半部分在熔化的石蜡中蘸一下，立即拿出来，而后再将另一头的半部分也蘸蜡后立即取出，这样可使整个接穗都蒙上一层均匀而很薄的光亮石蜡层(图 6-3)。

在蜡封接穗实际操作中，当接穗数量少时，可用小的易拉罐，对接穗进行蜡封；当接穗数量很大时，需要用大锅来熔化石蜡，操作时可把接穗放在漏勺中，在石蜡中一过即捞起来，这样效率可提高几十倍。

这种方法的主要优点是减少水分蒸发。通过称重法可以得知，蜡封后水分蒸发可减少 85%～95%。这和封蜡的质量与厚度有关。在 100℃的蜡液中蘸蜡时间不超过 1 秒钟即取出，一般可减少水分蒸发 92%(图 6-4)。

图 6-3 中所示的是只拿 1 根接穗，实际上可同时拿几根接穗，1 人 1 天可蜡封接穗 1 万根以上。

人们最担心的问题是，这样高的温度会不会烧坏枝条的皮和芽呢？其实，这主要决定于石蜡熔化后的温度和操作时间。如果蜡液温度超过 150℃，或者在 100℃的石蜡中停留 5 秒钟以上，这样枝条就会被烫伤，以后皮部

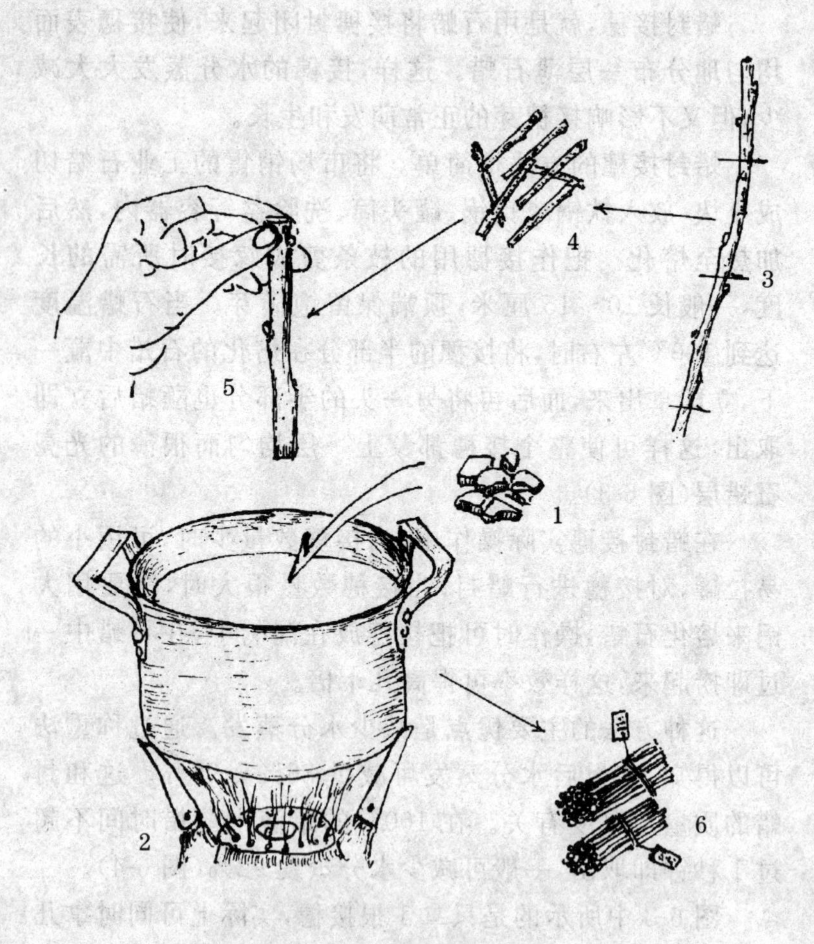

图 6-3　蜡封接穗过程

1. 将工业用石蜡或蜂蜡放入锅内　2. 把石蜡加温到 100℃以上　3. 取出冬季贮藏的接穗或刚剪下的休眠枝　4. 将接穗剪成嫁接时需要的长度，顶端要留饱满芽　5. 手拿接穗放入锅内，蘸蜡后很快取出　6. 蜡封好的接穗准备嫁接用

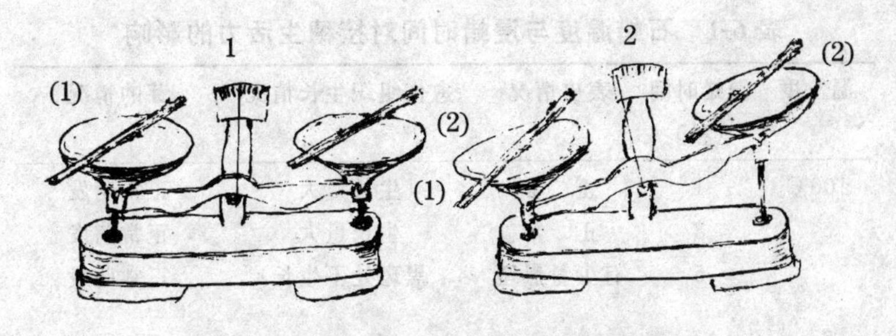

图 6-4　用称重法观察接穗蜡封的效果

1. 选择重量相等的两根接穗　(1)经过蜡封的接穗　(2)没有蜡封的接穗
2. 在室外放 1 天后　(1)蜡封接穗水分蒸发少,重量大　(2)没有蜡封的接穗水分蒸发多,重量减轻

形成黑斑,使接穗失去生命力。所以,在操作时,最好要有温度计测量蜡液的温度。如果是用眼睛看,当见到石蜡已经明显冒烟时,则说明蜡液温度已经达到 130℃,应立即停止加热。这时,也可以加入少许石蜡块来降低温度。在蜡液温度为 100℃～140℃的条件下,只要进行正常的操作,就不会烫伤接穗。在进行蜡封操作时,不必过于紧张。据笔者试验,把接穗置于 100℃的蜡液中 3 秒钟,接穗的生命力仍不受影响。而在实际操作时,接穗在蜡液中是不会超过 2 秒钟的。即使是 150℃的蜡液中,只要操作迅速,也不影响接穗的正常萌发。所以,不必顾虑蜡封会烫死接穗(表 6-1)。

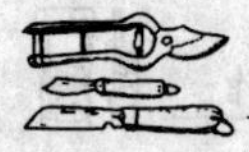

表 6-1　石蜡温度与浸蜡时间对接穗生活力的影响*

温　度	浸蜡时间（秒）	表皮情况	愈伤组织生长情况	芽的情况
100℃	1	正　常	生长量大	正常萌发
	3	正　常	生长量大	正常萌发
	5	有少量黑斑	黑斑处不生长	正常萌发
130℃	1	正　常	生长量大	正常萌发
	3	正　常	能生长，但生长缓慢	正常萌发
	5	有较大黑斑	不能生长	影响萌发
150℃	1	正　常	能生长，但较缓慢	正常萌发
	3	有大量黑斑	不能生长	影响萌发
	5	全部发黑	不能生长	不能萌发

* 系板栗接穗蜡封后切削伤口，在湿土中用 25℃恒温箱培养 10 天后观察的情况

石蜡在 56℃的温度下即能熔化。石蜡温度低时，蘸蜡效果不好，因为封蜡层厚，耗蜡量大，成本高，而且所封蜡层容易产生裂缝而脱落，影响蜡封的效果。所以，石蜡温度以 100℃～130℃为好。为了使蜡液保持 100℃的温度，可以在其中放入少许水，由于水蒸发时吸热，使温度不会增高，但要注意不能使接穗接触到蜡液下面的高温水，以免影响封蜡质量。

蜡封接穗，一般可以在春季嫁接前进行。封好后即可嫁接。当天嫁接不完的接穗，还要放入窖内保存。如果将蜡封接穗放在高温及干燥的地方存放，就会降低它

的生活力。接穗不宜过早蜡封，因为在窖内贮藏时间长了，封蜡会产生裂缝。所以，还是以随封蜡随嫁接为好。

嫁接的实践还表明，接穗上所封的蜡层，对芽的萌发并无妨碍。经试验，将蘸蜡后的接穗再浸蜡，连续蘸蜡3次，使它所封的石蜡层比普通的厚3层，结果嫁接后芽萌发时仍然能将石蜡层撑裂开。由此可见，接穗所封蜡层，不会影响芽的正常萌发。

（四）接穗蜡封的效果

蜡封接穗特别适合于大面积嫁接。当少量嫁接时，多用些塑料薄膜，多花一些工夫也无所谓。但是，在生产上大量嫁接时，省工省料就显得非常重要。另外，采用复杂的包扎方法或土埋法保湿，都很费工，而且因包扎和埋土的质量往往达不到要求而影响嫁接成活率。采取蜡封接穗，嫁接包扎方法极其简单，而且容易保证质量，因而嫁接成活率高而稳定。

在大面积高接换种时，对以下3种嫁接方法进行比较。①用古老的包扎方法，先是接口抹黄泥，用槲树叶5～6张围成圆筒状喇叭口，中间放湿土，接后每隔1天往喇叭口内浇一点水，最后嫁接成活率为31.5%。②用手巾大小的一块塑料薄膜，将伤口围成筒状，中间放疏松的湿土，基本盖没接穗，只露出顶芽，而后用大头针别住薄膜，将圆筒口封住。采用这方法，嫁接成活率为90.9%。接穗成活后，要及时打开封口。③用蜡封接穗嫁接，接后用塑料条捆紧，同时封住伤口。这种方法不但操作最简单，而且成活率可高达100%。在以上3种嫁接方法中，从操作繁简情况和成活率高低看，均以蜡封接穗嫁接为最好。

近年来，在华北地区大量进行板栗树高接换种的过程中，采用蜡封接穗嫁接的，其成活率多在95%以上。1992年春，笔者在北京市顺义县马坡乡毛家营村果园指导嫁接时，将这里的老品种苹果树，嫁接改造成新品种苹果树。指导农民用蜡封接穗共嫁接12 500头，成活12 498头，成活率为99.98%以上。即使这样，农民还反映说，死掉的2个嫁接头，是被喜鹊啄伤的。在这里，需要说明的一个情况是，毛家营村民都没有嫁接果树的技术，参加嫁接的人员全部是新手。他们第一次搞嫁接，数量又比较大，却获得了这样高的成活率，这也说明蜡封接穗的优越性。

省工和高效，是蜡封接穗的特点。如果在苗圃中嫁接，春季用蜡封接穗进行枝接，与秋季进行芽接，二者的速度基本相同。技术熟练的农民采用这种嫁接法，1人1天可嫁接果树800株。如果采用嫁接后堆土保湿的方法，并且要保证堆土的质量，那么1人1天只能完成100株。前者的嫁接速度为后者的8倍，而且采取后一种方法，在嫁接成活后要扒开土堆，以后还要将土堆扒平，这些都要花费一定的工夫。如果是大树高接，特别是需要爬到树上去接的，蜡封接穗嫁接的优越性就更为明显。

表6-2是目前生产上采用的3种嫁接保湿方法，各嫁接1 000株，在用工量和成活率方面的比较表。从中可见，

第三种蜡封接穗嫁接明显好于其他 2 种嫁接保湿的方法。

表 6-2　不同保湿法对用工和成活的影响

保湿方法	嫁接 1000 株用工量				成活率（%）
	嫁　接	蜡　封	接后管理	合　计	
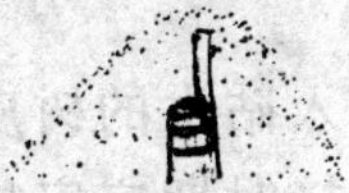	10	0	5	15	81.6
	2.5	0	2	4.5	90.1
	1.25	0.25	0.5	2.0	99.2

七、果树嫁接方法

（一）插皮接（皮下接）

【特　点】 这种嫁接方法是将接穗插入砧木的树皮中，故叫“插皮接”。它适合于春季枝接，嫁接时期应安排在砧木芽萌动后能离皮时嫁接，并要求砧木明显比接穗粗。插皮接易掌握，速度快，成活率高。但嫁接成活后易被风吹断，因而要及时绑缚支撑。

【砧木切削】 对较小的砧木，在距地面 5 厘米左右处用枝剪剪断。对大砧木，可进行多头高接，接口直径以 2～4 厘米为宜。嫁接时，在树皮光滑无疤处，将砧木锯断，再用刀削平锯口。

【接穗切削】 接穗首先以蜡封为宜。采用插皮接方法，接穗的切削有 2 种方法。为了表达清楚，分别用 2 幅图来表示。

第一种方法如图 7-1 所示。先将接穗削一个 4～5 厘米长的斜面。切削时，先将刀横切入木质部约 1/2 处，而后向前斜削到先端。再在接穗的背面削一个小斜面，并把下端削尖。接穗插入部分的厚薄，要看砧木的粗细而定。当砧木接口粗时，接穗插入部分要厚一些，也就是说要少削掉一些。反之，砧木接口细时，接穗插入部分要薄一些。这样，可使接穗插入砧木后接触比较紧密。在选

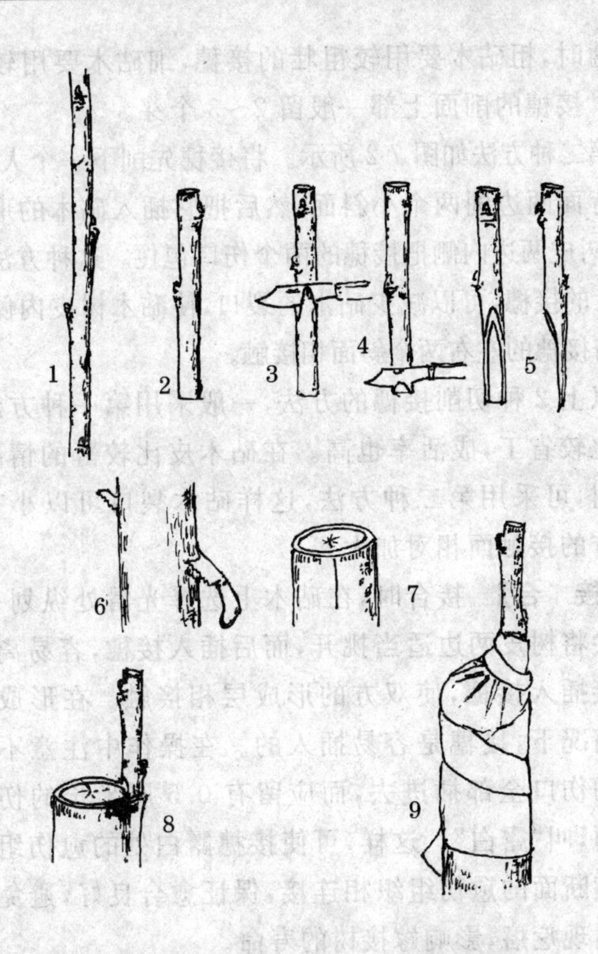

图 7-1　接穗背面削一刀的插皮接

1. 选取 1 年生休眠枝　2. 截取接穗，长 10 厘米左右，顶端留饱满芽　3. 切削接穗正面　4. 切削接穗反面　5. 切削后的正面和侧面图　6. 锯断或剪断砧木　7. 在树皮光滑处纵切一刀　8. 在砧木纵切口插入接穗，并适当露白　9. 用塑料条捆绑，把全部接口包严，不能露出伤口，同时将双方捆紧

择接穗时，粗砧木要用较粗壮的接穗，细砧木要用较细的接穗。接穗的削面上部一般留2～3个芽。

第二种方法如图7-2所示。将接穗先削下一个大斜面，再在背面两边削两个小斜面，然后把它插入砧木的形成层处，使树皮两边内侧把接穗的两个伤口包住。这种方法适合于粗壮的接穗，可以减少砧木的裂口，使砧木树皮内侧的形成层与接穗的左右两个斜面相接触。

以上2种切削接穗的方法，一般采用第一种方法，因为它比较省工，成活率也高。在砧木皮比较薄的情况下，如枣树，可采用第二种方法，这样砧木裂口可以小一些，使双方的接触面相对加大。

【接　合】 接合时，在砧木上选择光滑处纵划一刀，用刀尖将树皮两边适当挑开，而后插入接穗，容易离皮时可直接插入接穗，使双方的形成层相接触。在形成层活动的情况下，接穗是容易插入的。在操作中注意不要把接穗的伤口全部插进去，而应留有0.5厘米长的伤口露在上面，叫“露白”。这样，可使接穗露白处的愈伤组织和砧木横断面的愈伤组织相连接，保证愈合良好，避免在嫁接处出现疙瘩，影响嫁接树的寿命。

【包　扎】 嫁接的最后步骤是包扎，可用长40～50厘米、宽3～4厘米的塑料条，将伤口包严，特别要注意将砧木的伤口和接穗的露白处包严。以求既防止伤口水分蒸发，又固定牢接穗，使接穗和砧木伤口之间紧密相接。

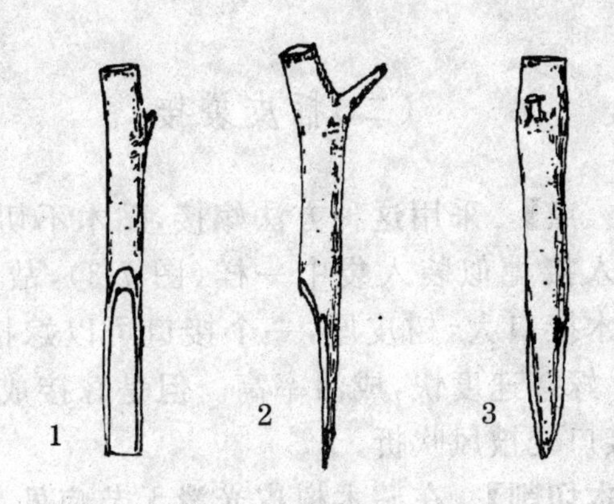

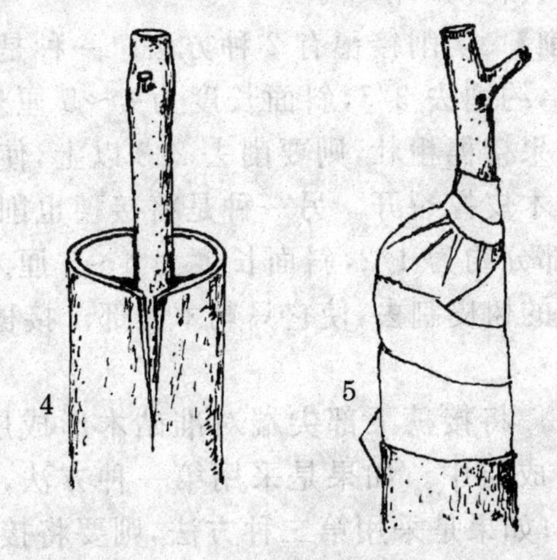

图 7-2　接穗背面削两刀的插皮接

1. 在接穗正面削一个大斜面　2. 接穗侧面图　3. 在接穗背面左右削两个小斜面，并将前端削尖　4. 在砧木树皮光滑处切一纵口，将接穗插入其中，使砧木纵口两边的树皮包住接穗背面两边的伤口　5. 用塑料条把接口处捆严绑紧

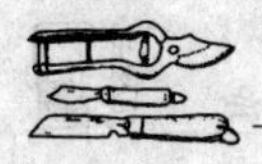

（二）插皮袋接

【特　点】 采用这种方法嫁接，砧木不切口，树皮也不裂，插入接穗似装入袋中一样（图 7-3），故叫“插皮袋接”。砧木接口大，树皮厚，一个接口可以嫁接 2 个以上的接穗。嫁接速度快，成活率高。但是嫁接成活后，接穗容易在接口处被风吹折。

【砧木切削】 在砧木树皮光滑无节疤处，把它锯断，并用锄刀等刀具将伤口削平。

【接穗切削】 切削接穗有 2 种方法。一种是将接穗削一个大斜面，约削去 3/5，斜面长度为 4～5 厘米，再将背面削尖。如果接穗粗壮，则要削去 2/3 以上，使接穗插入后不致将砧木皮撑裂开。另一种是将接穗也削一个大斜面，但削去部分约为 1/2，斜面长度为 4～5 厘米，并将插入部分背面的树皮割去，使它只剩木质部。接穗留 2～4 个芽。

【接　合】 将接穗下部尖端对准砧木形成层处，把它慢慢插入形成层中。如果是采用第一种方法，则接穗露白 0.5 厘米；如果是采用第二种方法，则要将接穗露出的木质部，全部插入砧木形成层中。

【包　扎】 由于这种砧木接口粗，当中嫁接有 2 根以上的接穗，接口处用塑料条很难捆严。因此，可用套袋法进行包扎。包扎时，伤口先抹泥，而后将伤口连同接穗套起来，再用小的绳子将塑料袋捆紧。塑料袋保湿效果很好，但在烈日下温度容易过高，所以采用套塑料袋包扎

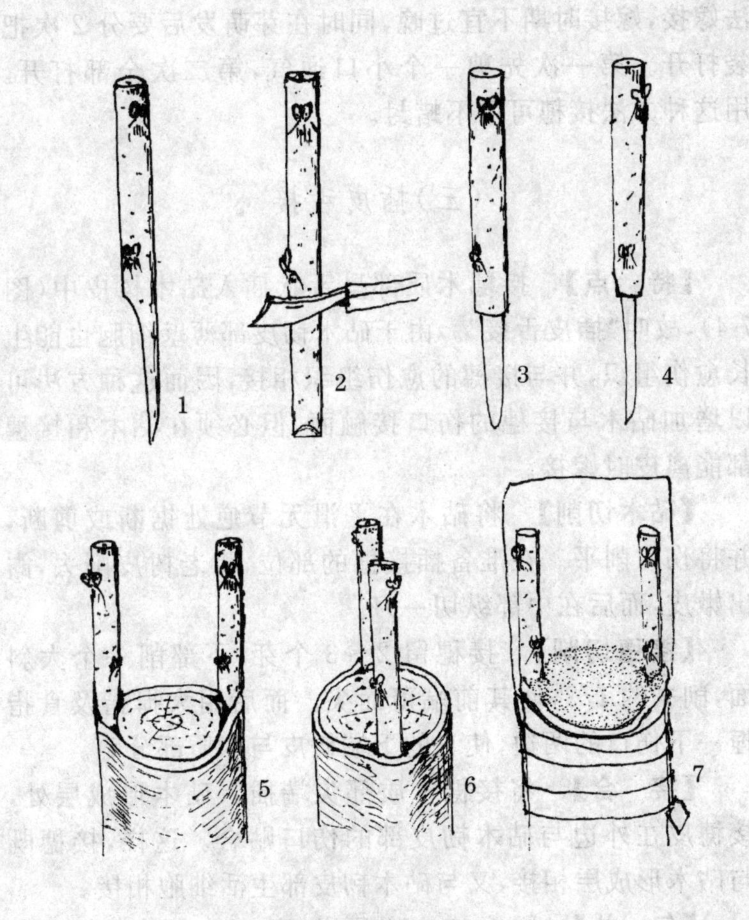

图 7-3　插皮袋接

1. 在正面削一个大斜面，反面下部削一个小斜面后的接穗侧面图　2. 将背面皮割断　3. 剥去树皮剩下木质部　4. 剥皮后的接穗侧面图　5. 将接穗插入砧木的树皮中　6. 砧木树皮不开裂　7. 伤口抹泥后，套上塑料袋并捆住

法嫁接,嫁接时期不宜过晚,同时在芽萌发后要分 2 次把袋打开。第一次先剪一个小口通气,第二次全部打开。用这种方法接穗可以不蜡封。

(三)插皮舌接

【特　点】 接穗木质部呈舌状插入砧木树皮中(图 7-4),故叫"插皮舌接"。由于砧木韧皮部薄壁细胞也能生长愈伤组织,并与接穗的愈伤组织相接,因而这种方法可以增加砧木与接穗的伤口接触面,但必须在砧木和接穗都能离皮时嫁接。

【砧木切削】 将砧木在平滑无节疤处锯断或剪断,并将伤口削平。在准备插接穗的部位,将老树皮削去,露出嫩皮,而后在中部纵切一刀。

【接穗切削】 接穗留 2～3 个芽,下部削一个大斜面,削去约 1/2,使其前端薄而尖。而后用大拇指及食指捏一下伤口的两边,使它的下端树皮与木质部分离。

【接　合】 将接穗木质部尖端插入砧木形成层处,接穗皮在外边与砧木韧皮部的伤口贴合。这样,接穗既与砧木形成层相接,又与砧木韧皮部生活细胞相接。

【包　扎】 用长 40～50 厘米、宽 3～4 厘米的塑料条捆严绑紧。

(四)去皮贴接

【特　点】 将砧木切去一条树皮,在去皮处贴入接

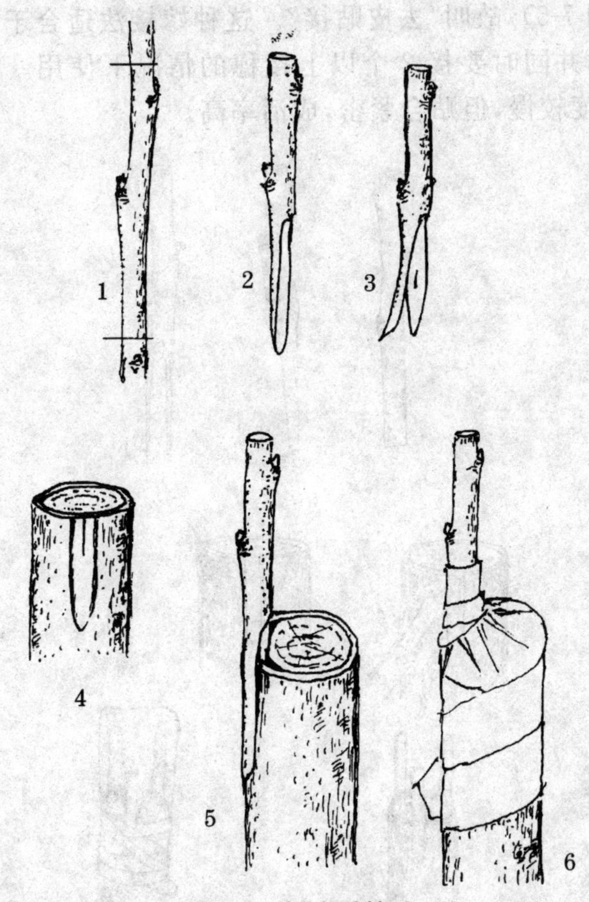

图 7-4　插皮舌接

1. 从 1 年生休眠枝剪取接穗　2. 在接穗下部削一个大斜面，并从背面将下端削尖　3. 将下部树皮和木质部分离　4. 在切断砧木平滑处削去老皮，露出嫩皮　5. 将接穗木质部插入砧木形成层，使其韧皮部贴住砧木露出的嫩皮　6. 用塑料条捆严绑紧

穗(图 7-5),故叫“去皮贴接”。这种嫁接法适合于砧木接口大,并同时要接 2 个以上接穗的情况下使用。它的嫁接速度较慢,但贴合紧密,成活率高。

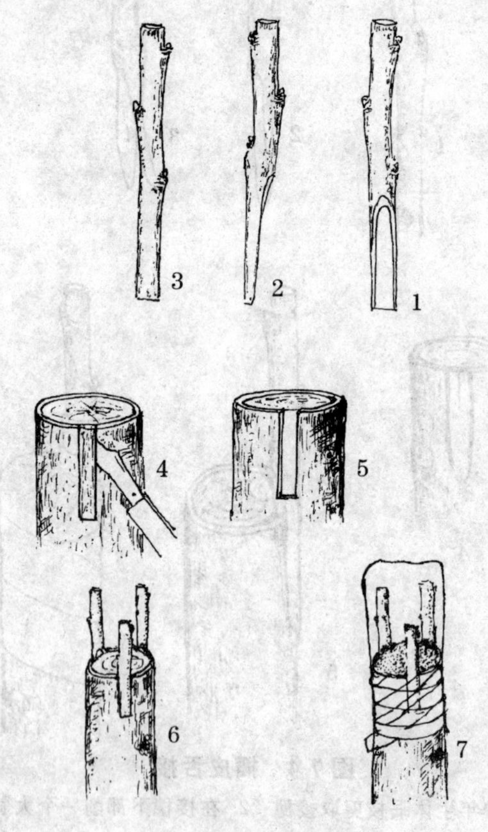

图 7-5　去皮贴接

1. 接穗正面　2. 接穗侧面　3. 接穗反面不切削　4. 在砧木上切去与接穗伤口大小相等的一块树皮　5. 切去树皮后露出木质部和形成层　6. 将接穗贴合在砧木切口中　7. 用塑料条将接穗和砧木捆紧,抹泥后再套塑料袋,并将它捆住

【砧木切削】 将砧木在干直无节疤处锯断，并用刀削平伤口。再按接穗的粗细情况，在砧木上切一个槽，除去其中的一小块树皮。在切槽时，如果没有经验，可以先切小一些，而后再适当扩大，直到接穗正好放入为止。

【接穗切削】 接穗保留 2～3 个芽，在下端削一个大斜面。一开始即深入木质部而后直往下削平，削去约 1/2。它的前端不必削尖。

【接　合】 将接穗伤口面贴在砧木上去皮的槽内，贴紧为合适，伤口上方露白约 0.5 厘米。

【包　扎】 先用塑料条捆紧，而后在伤口处抹泥，再套塑料袋保湿。发芽后，先剪开一个小孔通气，以后再除去口袋。

(五)劈　接

【特　点】 在砧木上劈一劈口，将接穗插入(图 7-6)，故叫“劈接”。劈接是春季进行枝接的一种主要方法。由于不必要在砧木离皮时嫁接，因而嫁接时期可以提早。劈接时，砧木接口紧夹接穗，所以嫁接成活后，接穗不容易被风吹断。劈接用的砧木，以中等粗度为宜。砧木过粗不易劈开，劈口夹力太大，易将接穗夹坏。如果砧木过细，它的接口夹不紧接穗，不利于成活。

劈接比插皮接操作复杂，需要工具也比较多。有些老树，如老枣树，其木质纹理不直，不易劈出平直的劈口，不适宜采用这种方法。

【砧木切削】 将砧木在树皮通直无节疤处锯断，用

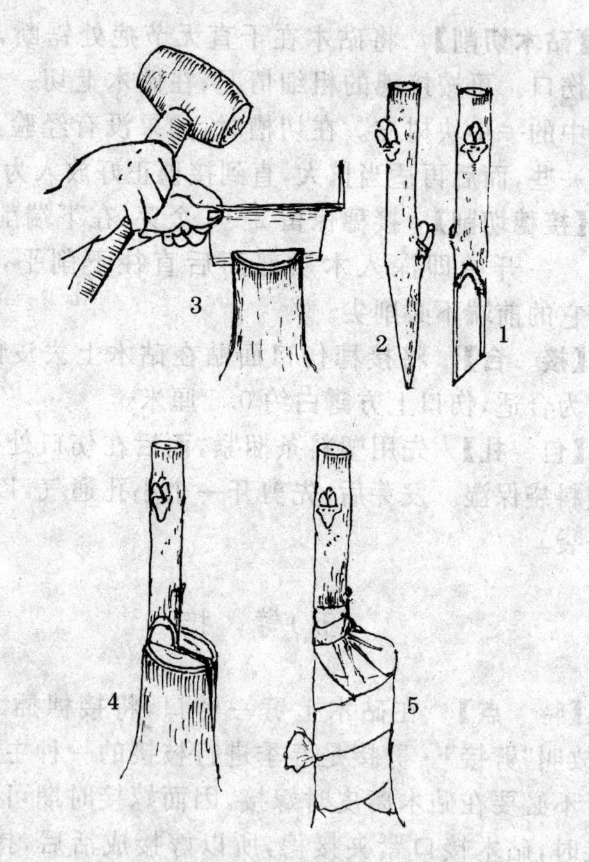

图 7-6 劈 接

1. 将接穗削两个马耳形伤口 2. 从接穗侧面看两边都削成楔形 3. 用刀在砧木切口中央劈一劈口，粗壮的砧木要用木锤往下敲 4. 用扦子顶开劈口后插入接穗，使接穗外侧的形成层与砧木形成层相连接 5. 用塑料条捆严绑紧

刀削平伤口。然后在砧木中间劈一个垂直的劈口，深度为 4～5 厘米。通常可用劈接刀并且用木锤或木棍往下

敲，以形成劈口。

【接穗切削】 接穗留 2～3 个芽。在它的下部左右各削一刀，形成楔形。如果砧木较细，切削接穗时则注意使其外侧稍厚于内侧。接穗下部楔形的外侧和砧木形成层相接，内侧不相接。如果砧木较粗，夹力太大，可以使接穗下部楔形内外侧厚度一致或者内侧略厚，以免夹伤外侧接合面。接穗削面长度，一般为 4～5 厘米。粗壮的接穗要适当长一些。切面要平，角度要合适，使接口处砧木上下都能和接穗接合。

【接　合】 用铁扦子或螺丝刀将砧木劈口撬开。有的劈刀在刀背上有一个铁钩，是作为铁扦子用的，可用它将劈口撬开。而后把接穗插入劈口的一边。这时的关键是要使双方的形成层对准，最好使接穗外侧两个斜面的形成层都能和砧木的形成层相对。如果不能两边都对齐，也可以使它的一边对齐，另一边靠外。因为木质部的细胞多是死的，不能形成愈伤组织，而韧皮部细胞多是活的，能形成愈伤组织，所以接穗的形成层也可以和砧木的韧皮部相接，而不要和木质部相接。接合时，注意不要把接穗的伤口部都插入劈口，而要露白 0.5 厘米以上，以有利于伤口的愈合。如果把接穗伤口部全部插入劈口，那么，一方面上下形成层对不准，另一方面愈合面在锯口下部，成活后会在锯口下形成一个疙瘩，而造成愈合不良，最终因伤口不易包严而影响寿命。

【包　扎】 对中等或较细的砧木，在其劈口插一个接穗，则用蜡封接穗，塑料条包扎，塑料条长 40～50 厘

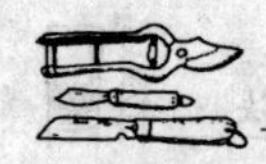

米，宽约4厘米。包扎时，要将劈口、伤口及露白处全部包严，并捆紧。

劈接，接穗一般采用休眠枝，但也有用嫩枝进行劈接的。例如，葡萄植株的嫁接，为了克服伤流液的不良影响，就常采用嫩枝劈接。其嫁接方法如图7-7所示。

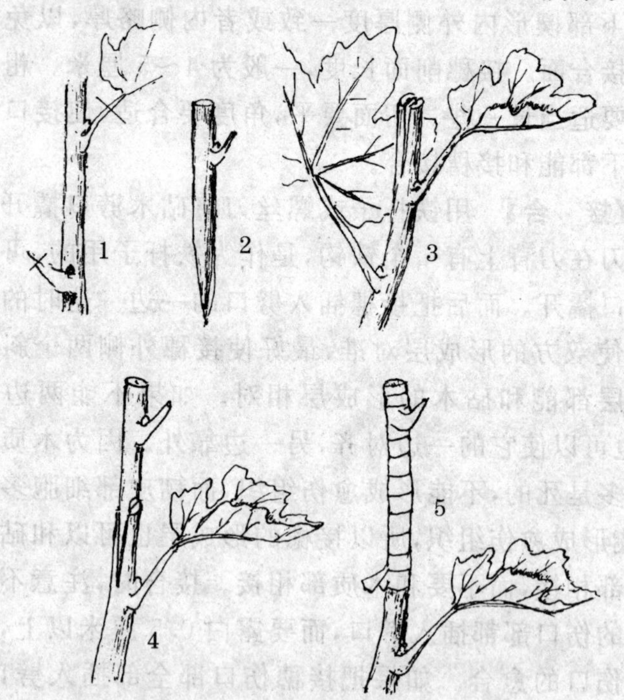

图7-7 嫩枝劈接

1. 用生长充实的新梢作接穗，去叶留叶柄 2. 将接穗削成楔形 3. 将砧木在与接穗同样粗度的部位截断，中央劈一劈口（砧木叶片不除去） 4. 将接穗插入劈口中 5. 用塑料条捆紧伤口，并把接穗包上，只露出芽和叶柄

（六）切　接

【特　点】 将砧木切一个切口，插入接穗（图 7-8），

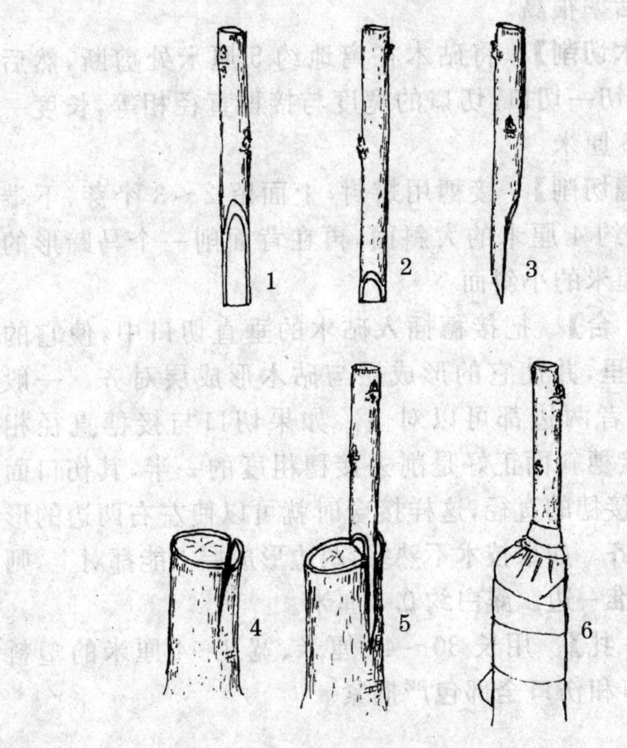

图 7-8　切　接

1. 在接穗正面削一个大斜面　2. 在接穗反面削一个小斜面　3. 接穗侧面图　4. 将砧木切一纵口，其宽度和接穗大斜面相同　5. 将接穗插入切口，使它的形成层与砧木的形成层左右两边都相连接　6. 用塑料条捆严绑紧

故叫“切接”。切接一般适用于小砧木，是苗圃地春季进行枝接常用的方法。由于砧木小，皮很薄，不宜用插皮接，因而用切接比较合适。切接和劈接相似，但比较省工，而且劈口偏于一边，有利于接穗与砧木两边的形成层相接，成活率很高。

【砧木切削】 将砧木在离地约 5 厘米处剪断，然后用刀垂直切一切口，切口的宽度与接穗直径相等，长度一般为 3～5 厘米。

【接穗切削】 接穗用蜡封，上面留 2～3 个芽，下端削一个长约 4 厘米的大斜面，再在背面削一个马蹄形的长 1～2 厘米的小斜面。

【接　合】 把接穗插入砧木的垂直切口中，使它的大斜面向里，并使它的形成层与砧木形成层对齐。一般操作熟练者两边都可以对上。如果切口与接穗直径相等，同时接穗斜面正好是削去接穗粗度的一半，其伤口面宽则等于接穗的直径，这样接合时就可以使左右两边的形成层都对齐。如果技术不熟练，两边形成层不能都对上，则一定要对准一边。露白约 0.5 厘米。

【包　扎】 用长 30～40 厘米、宽 3～4 厘米的塑料条，将刀口和伤口全部包严捆紧。

（七）切 贴 接

【特　点】 切贴接具有切接和贴接 2 种特点的嫁接方法，适合于小砧木苗圃地作春季枝接（图 7-9）。

【砧木切削】 将砧木在离地约 5 厘米处剪断，然后

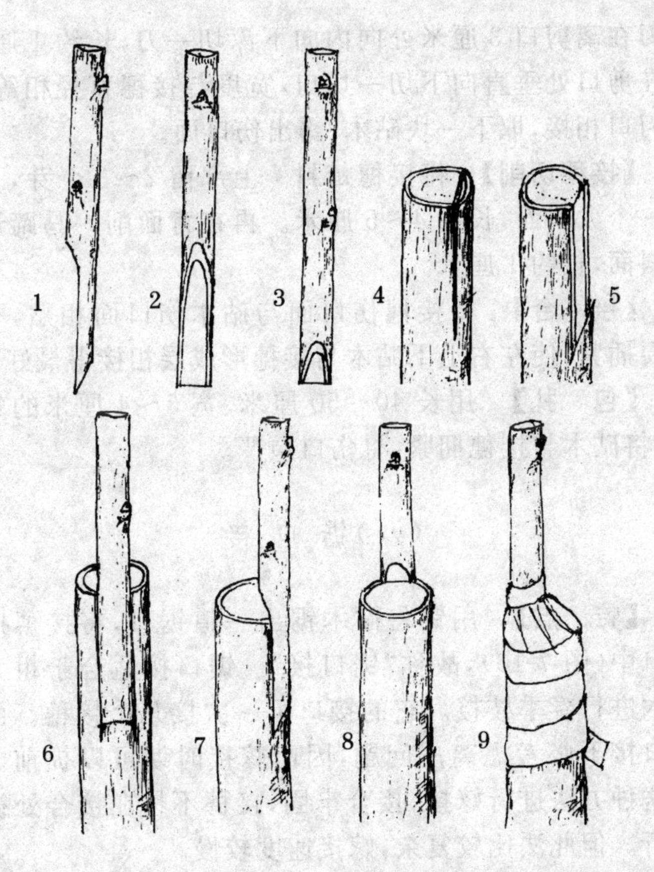

图 7-9　切贴接

1. 接穗被切削后的侧面　2. 在接穗正面削一个大斜面　3. 在接穗反面削一个小斜面　4. 在砧木一侧切一个纵口，其宽度和接穗大斜面宽度相同　5. 将砧木从外向里斜切，取下带木质部的树皮　6. 使接穗伤口面与砧木伤口面相贴，下端插紧　7. 从侧面看出砧木和接穗上下左右都能紧密相接　8. 砧木与接穗形成层相接　9. 用塑料条捆严绑紧

用刀在离剪口3厘米处向内向下深切一刀，长约1厘米。再在剪口处垂直向下切一切口，宽度与接穗直径相等，使两刀口相接，取下一块砧木，露出伤口面。

【接穗切削】 将接穗蜡封。上部留2～3个芽，下端削一个大斜面，长约4～5厘米。再在背面削一马蹄形的小斜面，长约1厘米。

【接　合】 将接穗伤口面与砧木伤口面相贴，下端也要插紧，使左右上下砧木与接穗形成层相接得最好。

【包　扎】 用长40～50厘米、宽3～4厘米的塑料条，将砧木与接穗捆紧，将伤口包严。

（八）锯 口 接

【特　点】 用锯将砧木锯出一道锯口，将接穗插入锯口中（图7-10），故称“锯口接”。锯口接适合于粗大的砧木进行春季枝接。它的接口可一次接几个接穗。由于锯口接不必考虑离皮问题，因而嫁接时期可以提前。采用这种方法进行嫁接，接合牢固，接穗不易在接合处被风吹折。但此法比较复杂，嫁接速度较慢。

【砧木切削】 将砧木在合适处锯断，用刀削平，再用小手锯在不同的方向斜锯裂口。裂口长4～5厘米，宽略超过接穗的直径。而后用小刀将锯口削平并适当加宽，使锯口能插入接穗。

【接穗切削】 接穗上留2～3个芽，在它的下端先削一个马耳形斜面，再在左右两边各削一刀，使之形成一面厚一面薄的楔形，横断面似三角形，斜面长4～5厘米。

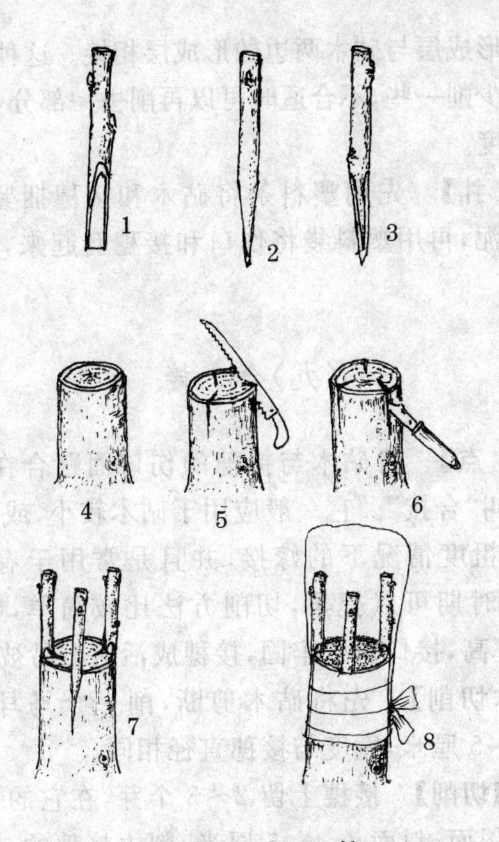

图 7-10　锯口接

1. 将接穗削成马耳形斜面　2. 接穗上削两个成一定角度的非平行斜面，使接穗自然外表形成厚薄不同的两个面，图为厚的一面　3. 接穗下端被削薄的一面　4. 锯断砧木　5. 用手锯在砧木断面处锯出裂口　6. 用刀加宽裂口，并且将伤口削平　7. 插入接穗，使厚的一面靠外，并使接穗外侧形成层与砧木形成层相连接　8. 用塑料条将砧木与接穗捆紧，伤口抹泥，而后套上塑料袋并捆住

【接　合】 将接穗薄边插入砧木的锯口中，使厚边左

右两面的形成层与砧木两边的形成层相接。这种方法在切削时应先少削一些，不合适时可以再削去一部分，以达到接合紧密为度。

【包　扎】 先用塑料条将砧木和接穗捆紧，而后在伤口处抹泥，再用塑料袋将伤口和接穗套起来，最后再固定住。

（九）合　接

【特　点】 将砧木与接穗的伤口面贴合在一起（图7-11），故叫“合接”。它一般应用于砧木较小，或者砧木与接穗同等粗度情况下的嫁接，并且是常用于春季枝接。它的嫁接时期可以提早，切削方法比较简单，嫁接速度快，成活率高，接口愈合牢固，接穗成活后不易被风吹断。

【砧木切削】 先将砧木剪断，削一个马耳形斜面。斜面长 4～5 厘米，宽度与接穗直径相同。

【接穗切削】 接穗上留 2～3 个芽，在它的下面削一个马耳形斜面，斜面长 4～5 厘米，削去接穗的一半，使伤口面的宽度与砧木斜面相同。

【接　合】 将砧木与接穗的伤口面贴在一起。如果砧木与接穗同样粗，则不需要露白。如果砧木较粗，接穗较细，则接穗需露白约 0.5 厘米。

【包　扎】 用 3～4 厘米宽、30～40 厘米长的塑料条，将伤口捆紧绑严。如果砧木比较粗，塑料条需要宽一些及长一些。

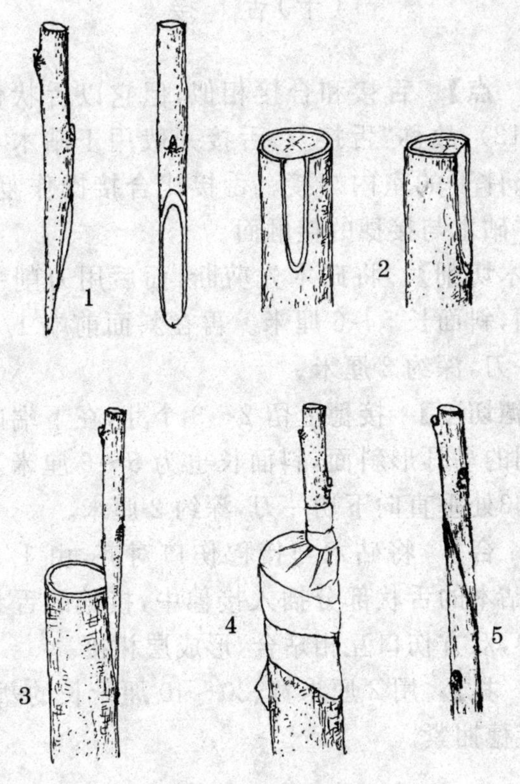

图 7-11　合　接

1. 在接穗下端削出马耳形斜面后的侧面和正面图　2. 砧木选平滑处自下而上削一个斜面，大小与接穗斜面相等，这是砧木切削后的正面图和侧面图　3. 将接穗和砧木的伤口面接合，使双方上下左右的形成层相连接　4. 用塑料条将双方伤口捆严绑紧　5. 对于较细的砧木，嫁接时将砧木和接穗各削同等大小的接口，合在一起捆绑起来即可

(十)舌　接

【特　点】 舌接和合接相似,但它以舌状伤口面相接(图 7-12),故称"舌接"。舌接一般用于砧木与接穗同等粗度条件下的室内嫁接。舌接比合接操作复杂一些,但增大了砧木与接穗的接触面。

【砧木切削】 将砧木先剪断,而后用刀削一个马耳形的斜面,斜面长 5～6 厘米。再在斜面前端 1/3 处垂直向下切一刀,深约 2 厘米。

【接穗切削】 接穗上留 2～3 个芽,在下端削一个与砧木相同的马耳形斜面,斜面长也为 5～6 厘米。再在斜面前端1/3处垂直向下切一刀,深约 2 厘米。

【接　合】 将砧木与接穗伤口对齐,由 1/3 处向前移动,使砧木的舌状部分插入接穗中,接穗的舌状部分插入砧木中,双方伤口互相贴合,形成层相接。

【包　扎】 用 2 厘米宽、30～40 厘米长的塑料条,将砧木与接穗捆紧。

(十一)靠　接

【特　点】 嫁接时,砧木与接穗靠在一起相接(图 7-13),故叫"靠接"。靠接可于休眠期进行,也可于生长期进行。靠接法常用于一些特殊需要的情况,如挽救垂危果树、盆栽果树和改换品种等。根据砧木与接穗粗细程度的不同,靠接法可分为合靠接、舌靠接和镶嵌靠接 3 种。

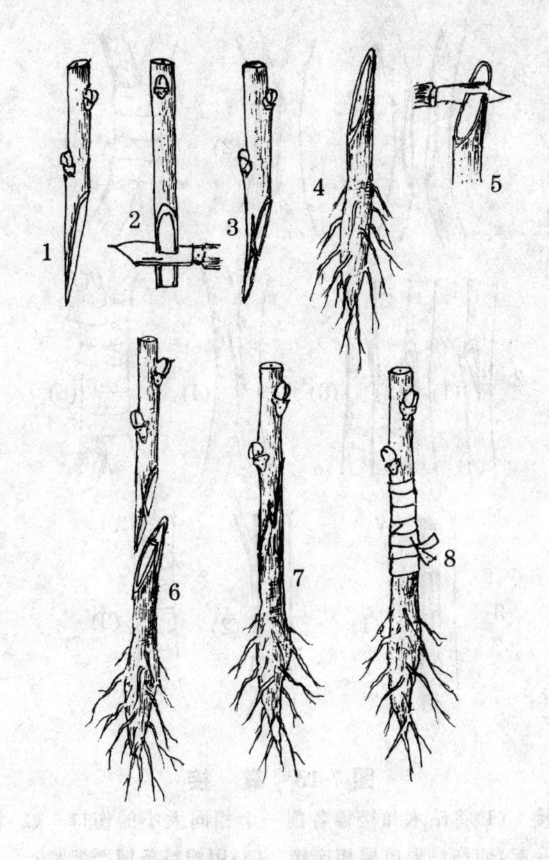

图 7-12　舌　接

1. 将接穗削成马耳形斜面　2. 在前端伤口 1/3 处向后纵切深约 2 厘米的一刀　3. 接穗削口形成一个小舌形　4. 将粗度与接穗相等的砧木削成同样的马耳形斜面　5. 在砧木斜面前端伤口的1/3处向后纵切深约 2 厘米的一刀，形成舌形　6. 将砧木与接穗伤口面相插　7. 接穗小舌插入砧木纵切口，砧木小舌插入接穗纵切口　8. 用塑料条将接合部位捆紧绑严

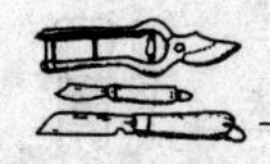

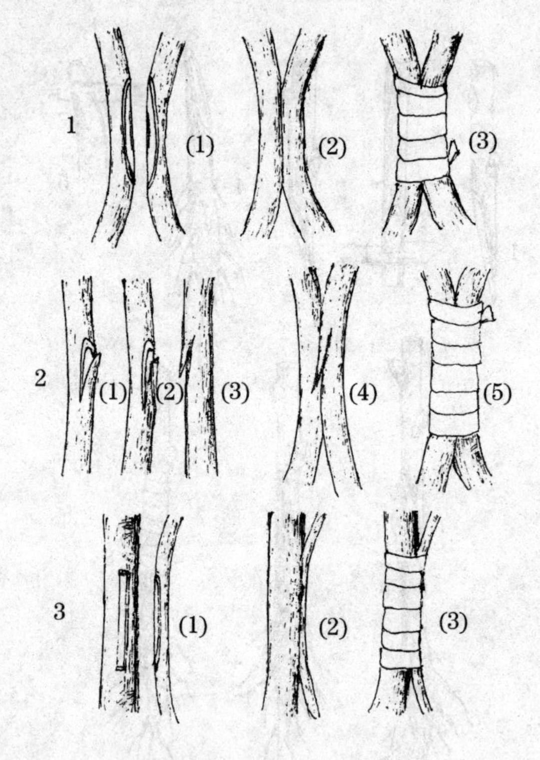

图 7-13　靠　接

1. 合靠接　(1)将砧木和接穗各削一个相同大小的伤口　(2)将双方靠在一起,使伤口形成层相连接　(3)用塑料条捆严绑紧
2. 舌靠接　(1)在接穗上从上而下地切一个舌形切口　(2)削去小舌外树皮　(3)在砧木上从下而上地切一个舌形切口,并削去小舌外的一些树皮　(4)使砧木的小舌插入接穗的切口,接穗的小舌插入砧木的切口　(5)用塑料条捆严绑紧
3. 镶嵌靠接　(1)将砧木切一个槽,接穗削一个伤口,使槽的大小与接穗伤口大小相一致　(2)将接穗贴入砧木槽内　(3)用塑料条捆严绑紧

第一种，合靠接，又叫搭靠接。砧木和接穗的切削，像合接法的一样，削成一个互相等同的伤口，再将双方伤口合在一起，而后用1厘米宽的塑料条，把接合部捆紧。

第二种，舌靠接。砧木和接穗粗度相似，双方各削一个舌形口，一个从上而下，另一个从下而上，深度约3厘米，并把小舌外的树皮削去一部分。接合时似舌接一样，二者互相插入裂口之中。而后用约1厘米宽的塑料条，将接合部捆紧。

第三种，镶嵌靠接。这种方法用于砧木粗、接穗细条件下的嫁接。先将砧木切一个槽，宽度和接穗直径相同，长度为4～5厘米，将树皮挖去。接穗同合靠接的一样，削一伤口，长约4厘米。将接穗伤口贴入砧木槽内，使其互相镶嵌。而后用约1厘米宽的塑料条，将接合部捆紧。

（十二）腹　接

【特　点】 将接穗接在砧木的中部，也就是嫁接在腹部（图7-14），故叫“腹接”。通过腹接，可以增加果树内膛的枝量。

【砧木切削】 在砧木需要补充枝条的部位，从上而下地斜切一刀，深入木质部。一般需要用锤子敲打刀子作深入切削。刀口长约4厘米。

【接穗切削】 一定要用蜡封接穗，上端留3～4个芽，下端削两个马耳形斜面，一面要长一些，约4厘米长，另一面要短一些，约3厘米长。

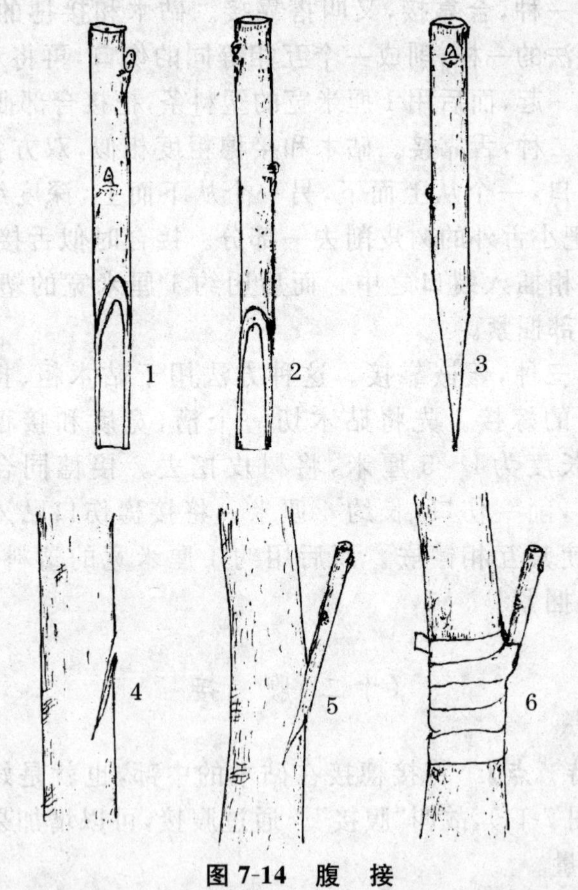

图 7-14 腹 接

1. 在接穗正面削一个马耳形大斜面 2. 在接穗反面削一个较小的马耳形斜面 3. 从接穗侧面看，左边斜面大，右边斜面小 4. 在砧木中部（腹部）向下斜切一深口 5. 将接穗伤口全部插入砧木切口，使它的大斜面朝上，有一边外皮和砧木外皮对齐 6. 用塑料条将接合部位捆严绑紧，务使上部伤口不外露

【接　合】 左手在砧木切口上掰开砧木切口，使切口加大，右手将接穗插入其中，使大斜面朝上，小斜面朝下，接穗一边的形成层与砧木一边的形成层对齐（看不清形成层时，可将接穗一边外皮和砧木一边外皮对齐）。

【包　扎】 用约3厘米宽、50厘米长的塑料条，将接合部位捆严。

（十三）皮下腹接

【特　点】 接穗也是接在砧木的腹部，其嫁接方法和插皮接一样，是插在砧木的树皮中（图7-15），故叫“皮下腹接”。皮下腹接适宜在大砧木上应用，可补充空间，增加内膛的枝条。

【砧木切削】 在砧木树皮光滑处切一“T”字形口，在“T”字形口的上面削一个半圆形的斜坡伤口，以便接穗从上插入砧木皮内。

【接穗切削】 所用蜡封接穗最好选弯曲枝条。在其弯曲部位外侧削一个马耳形斜面，斜面长约5厘米。

【接　合】 将接穗斜面从“T”字形口上面，往下插入其中，接穗不露白。

【包　扎】 由于砧木较粗，所以包扎时要用较长的塑料条，宽约4厘米。在包扎中，要特别注意将“T”形口的上口堵住，也可以在接口处涂接蜡，以防水分蒸发和雨水进入。

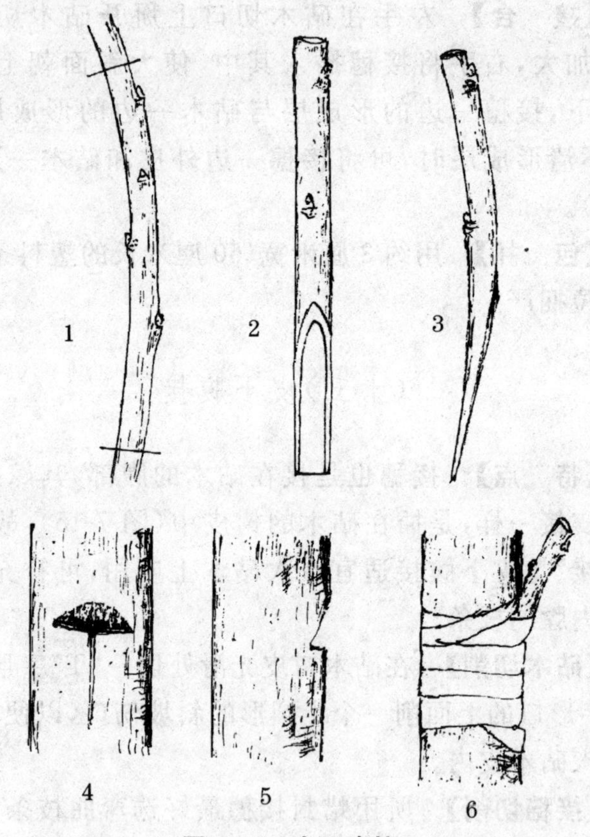

图 7-15 皮下腹接

1. 选用弯曲的接穗，剪接穗要长一些　2. 将接穗削一个马耳形斜面　3. 从接穗侧面看，斜面在弯曲部的外侧　4. 在砧木树皮光滑处切一个“T”字形口，将上方一些树皮削去　5. 从侧面看，砧木切口上方有一个斜面，便于接穗插入　6. 接穗插入砧木切口后，向外弯曲，用塑料条将接合部捆严绑紧。要特别注意把接穗上面的伤口全部插入砧木切口中，并用塑料条包严

（十四）单芽腹接

【特　点】 单芽腹接与腹接相似，从接穗上切取一个带木质部的单芽，嫁接在树干的腹部（图 7-16），故称“单芽腹接”。单芽腹接节省接穗，也不必要蜡封，嫁接方法简单，能补充大树的枝条。

【砧木切削】 在砧木枝条中部缺枝的部位，自上而下地斜向纵切，从表皮到皮层一直到木质部表面，向下切入约 3 厘米，再将切开的树皮切去约一半。

【接穗切削】 可用两刀切削法切取接穗。操作时倒拿接穗，选好要用的芽，第一刀在叶柄下方斜向纵切，深入木质部。第二刀在芽的上方 1 厘米处斜向纵切，深入木质部，并向前切削，两刀相交，取下带木质部的盾形芽片。

【接　合】 将芽片插入砧木切口中，使下边伤口插入保留的树皮中，使树皮包住接穗下伤口，要将接穗芽片放入砧木切口的中间，使双方形成层四周都相接。

【包　扎】 要用比芽接时较宽、较长的塑料条捆绑，如果当年要求萌发则要露出芽，如果不萌发，适宜全封闭捆绑。

（十五）单芽切接

【特　点】 单芽切接和春季切接相似，但是所切接的接穗不是枝条，而是用切接的方法嫁接一个单芽（图 7-17），故称“单芽切接”。这是接在顶端的春季芽接。由于

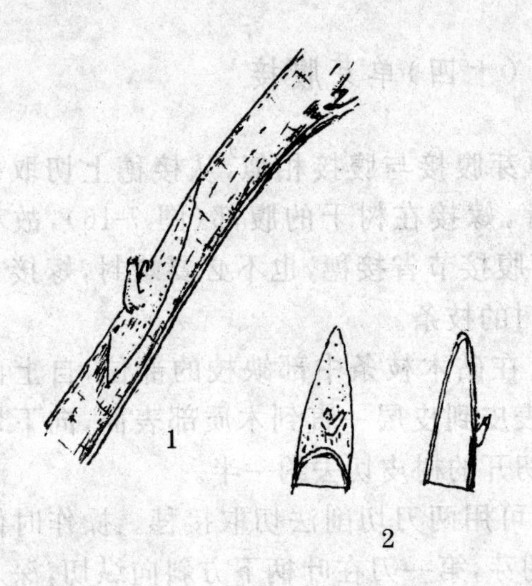

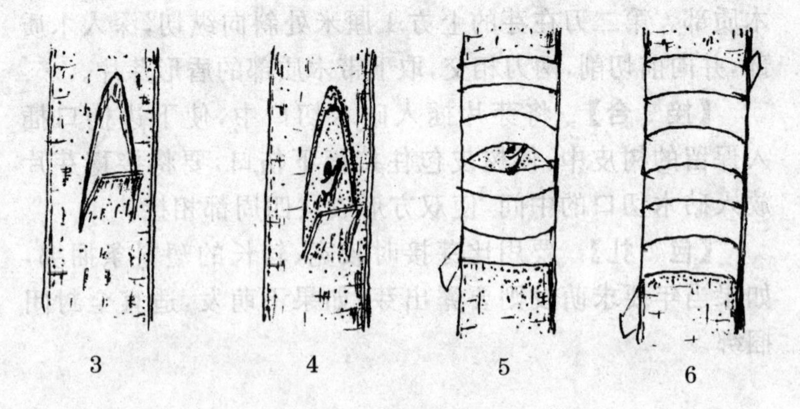

图 7-16　单芽腹接

1. 接穗切削　2. 带木质部的芽片正面和反面　3. 砧木切削　4. 芽片插入砧木切口处，芽片的形成层不能对准砧木的老皮而要对准形成层　5. 当年萌发要露芽捆绑　6. 当年不萌发用封闭捆绑

有顶端优势，一般萌芽生长较快。单芽切接特别适合于常绿果树的嫁接。

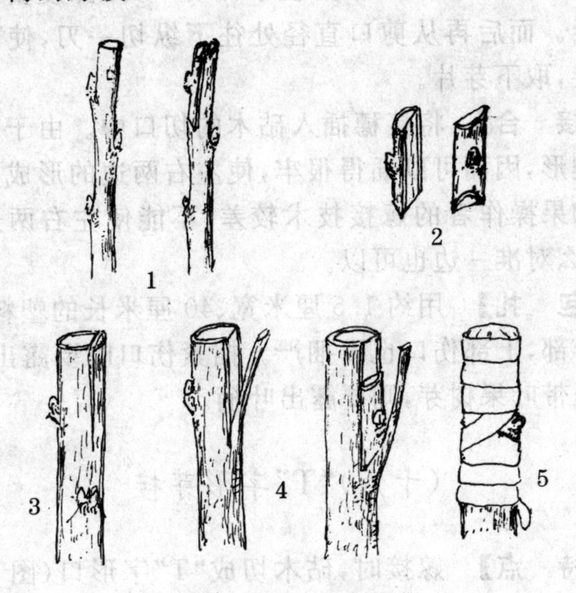

图 7-17　单芽切接

1. 选取充实的接穗，在接芽上方约 1 厘米处把它剪断，在接芽下方 1 厘米处斜向深切一刀，再从剪口直径处往下纵切一刀，使两个刀口相接　2. 取下芽片，它的上边是平面，下边是斜面　3. 从砧木横断面切一纵切口，使切口宽度与接穗宽度相等　4. 将芽片插入切口中，使它的形成层与砧木两边的形成层相接，下端与切口插紧　5. 用塑料条将接合部捆严绑紧，捆绑时要露出接芽

【砧木切削】　单芽切接所用的砧木，一般为小砧木，或者将单芽接在大砧木的分枝上。嫁接时，先将砧木在接口处剪断，而后靠一边纵切一刀，切口宽度与接穗直径基本相同。

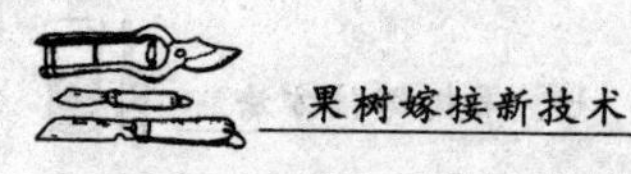

【接穗切削】 将接穗在接芽上方约1厘米处剪断，再在芽的下方约1厘米处往下深切一刀，深度要达接穗的一半。而后再从剪口直径处往下纵切一刀，使两个刀口相接，取下芽片。

【接　合】 将接穗插入砧木的切口中。由于它的下端呈楔形，因而可以插得很牢，使左右两边的形成层都对上。如果操作者的嫁接技术较差，不能使左右两边都对上，那么对准一边也可以。

【包　扎】 用约1.5厘米宽、40厘米长的塑料条，捆绑接合部，上部伤口也要捆严。捆紧伤口时要露出接芽。如果是带叶果树芽，则要露出叶柄。

（十六）"T"字形芽接

【特　点】 嫁接时，砧木切成"T"字形口（图7-18），故称"T"字形芽接，也叫"丁"字形芽接。它是果树育苗中应用最广的一种芽接方法。这种嫁接法操作简易，嫁接速度最快，而且成活率高。其砧木一般用1～2年生的树苗。也可以采用这种方法将接穗接在大砧木的当年新梢上，或者接在其1年生枝上。老树皮不宜采用此法嫁接。"T"字形芽接都在生长期进行，最适时期在秋季8月份。

【砧木切削】 在砧木离地面4～5厘米处进行嫁接。在砧木上选光滑无疤的部位，先把叶片除去，而后切一个"T"字形口。先切横刀，宽约为砧木粗度的一半。纵刀口在横刀中央开始往下切，长约2厘米。入刀深度以切到木质部为止。

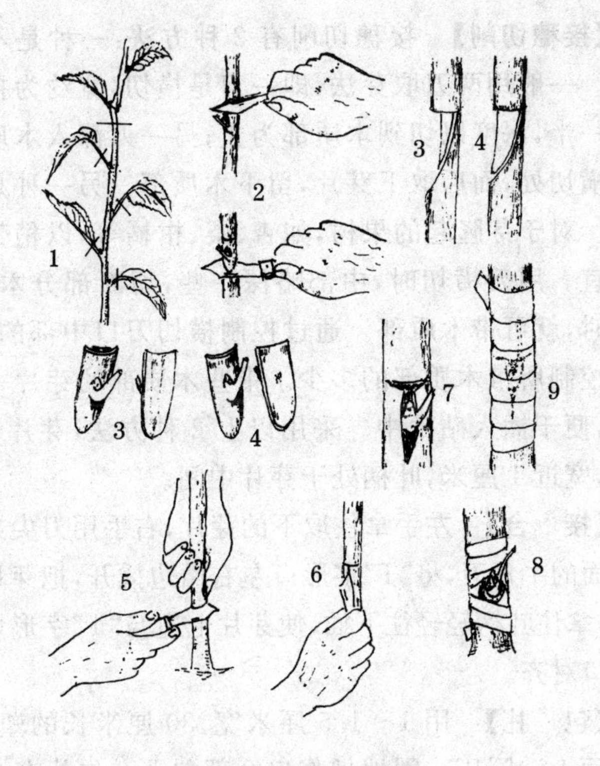

图 7-18 "T"字形芽接

1. 将接穗剪去叶片，留下叶柄 2. 在接穗芽上约 1 厘米处横切一刀，在叶柄下边约 1 厘米处，朝上向深处切一刀，切取芽片 3. 在横切处切得较深，取芽片时会带走一些木质部 4. 在横切处切得较浅，不深入木质部，取芽片时不带木质部 5. 在砧木基部切"T"字形口 6. 用刀尖将砧木纵切口两边撬开 7. 自上而下地插入接穗芽片，使芽片贴入"T"字形口中 8. 用塑料条捆绑接合处，对于当年要萌发的或伤口容易流胶的树种，在捆绑时要将接芽和叶柄露出来 9. 对于不流胶的树种及嫁接当年不萌发的，在用塑料条捆绑时，不要露出接芽，可将它全部包起来

【接穗切削】 接穗切削有2种方法:一种是不带木质部。一般用两刀取芽法,即一刀是横切,宽约为接穗粗度的一半,深度以切到木质部为止;另一刀深入木质部向上至横切处,而后取下芽片,留下木质部。另一种是带木质部。对于芽隆起的果树,如杏、梨、柑橘等,以稍带木质部为宜。用刀横切时,中部略深一些,切断部分木质部,取芽时,就可带木质部。通过控制横切刀口中部的深度,可以控制所带木质部的多少。带些木质部的芽片一般比较硬,便于插入砧木中。采用以上2种方法,芽片长约2厘米,宽近1厘米,叶柄处于芽片中间。

【接　合】 左手拿住取下的芽片,右手用刀尖或芽接刀后面的牛角刀,将"T"字形口左右两边撬开,把芽片放入切口,拿住叶柄轻轻往下插,使芽片上边与"T"字形切口的横切口对齐。

【包　扎】 用1～1.5厘米宽、30厘米长的塑料条,由下而上一圈压一圈地把伤口全部包严。包扎有2种方法:一种是将芽和叶柄都包在里面。这种方法操作快,接后如果遇到下雨,则毫无影响。因而成活率高,适合于当年不萌发的芽接。另一种是露出芽和叶柄的包扎方法。这种包扎方法适合于当年萌发的芽接。对于容易产生流胶的果树砧木,如杏、樱桃等,也应采用这种露出芽的包扎方法。

需要说明的是,在秋季嫁接时期较晚或接穗经过长途运输后已不离皮的情况下,取芽片也可带木质部。

(十七)嵌芽接

【特　点】 砧木切口和接穗芽片的大小形状相等，嫁接时将接穗嵌入砧木中(图 7-19)，故叫“嵌芽接”。嵌芽接是带木质部芽接的一种重要方法。常于春季芽接或秋后接穗和砧木离皮困难时应用。嫁接时用接穗的芽片嵌在砧木的切口上。有些树种的枝条不圆，木质部呈轮状，如板栗树等，这种果树不宜用“T”字形芽接，而适合用嵌芽接。

【砧木切削】 一般用小砧木。如果是大砧木，则可接在当年生枝或1年生枝上。苗圃地在离地约3厘米处去叶，而后由上而下地斜切一刀，刀口深入木质部。再在切口上方2厘米处，由上而下地连同木质部往下削，一直削到下部刀口处。通过所削的这上下两刀，可取下一块砧木。

【接穗切削】 与砧木切削的方法相同。先在接穗芽的下部向下斜切一刀，而后在芽的上部，由上而下地连同木质部往下削到刀口处，两个刀口相遇，芽片即可取下。芽片长2厘米，宽度视接穗粗细而定。要求接穗芽片大小与砧木上切去的部分基本相等。

【接　合】 将接穗的芽片嵌入砧木切口中，最好使双方接口上下左右的形成层都对齐。

【包　扎】 用宽1～1.5厘米、长约40厘米的塑料条，自下而上地捆绑好接合部。要求嫁接后芽萌发的，捆绑时必须把芽露出来。对于易流胶的砧木，也应露芽捆

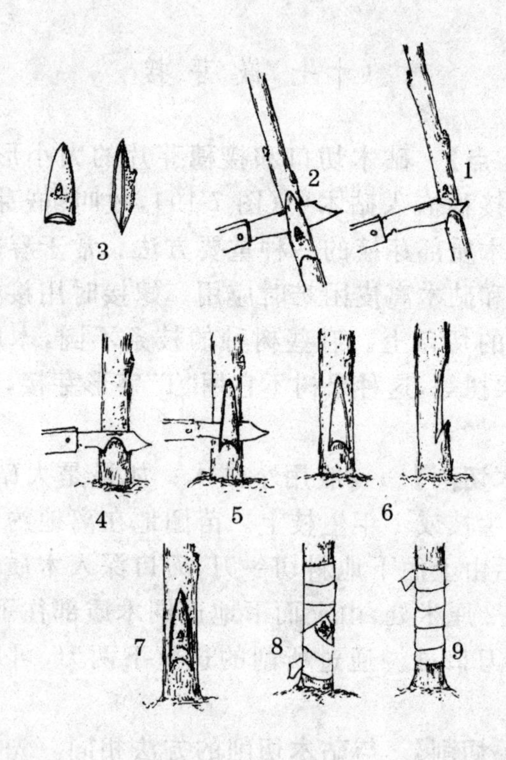

图 7-19　嵌 芽 接

1. 在接穗芽的下部向下斜切一刀　2. 在接穗芽的上部由上而下地斜削一刀,使两刀口相遇　3. 取下带木质部的芽片
4. 在砧木近地处由上而下地斜切一刀,刀口深入木质部
5. 在切口上方约 2 厘米处,由上而下地再削一刀,深入木质部,使两刀相遇　6. 取下砧木切口的带木质部树皮形成和芽片同样大小的伤口　7. 将接芽嵌入砧木切口　8. 用塑料条捆严绑紧,春季芽接要露出接芽,以利于芽的萌发和生长
9. 秋季芽接不要求当年萌发,如果砧木不流胶则捆绑时要将接芽全部包住

绑。如果当年不萌发,如秋后嫁接,则可以把芽片连芽全部包起来。

(十八)方块芽接

【特　点】 嫁接时所取芽片为方块形,砧木上也相应地切去一方块树皮(图7-20),故称“方块芽接”。方块芽接时期,一定要在生长期。这种方法操作比较复杂,一般能用“T”字形芽接的不必用此法。但是,方块芽接接触面大,对于芽接不易成活的树种,如核桃、柿子树等比较适宜,嫁接后芽容易萌发。

【砧木切削】 嫁接时先比好砧木和接穗切口的长度,用刀刻好记号。而后上下左右各切一刀,深至木质部,再用刀尖挑出并剥去砧木皮。

【接穗切削】 接穗切削与砧木切削一样,在所要选用芽的左右上下各切一刀,取出方块形芽片。

【接　合】 将芽片放入砧木切口中,使它的上下左右都与砧木切口正好接合。如果接穗芽片小一些,也没有关系;如果接穗芽片大而放不进去,则必须将它再削小些,使它大小合适,不能把它硬塞进去。

【包　扎】 用宽1～1.5厘米、长30～40厘米的塑料条将接口捆绑起来,捆绑时要露出芽和叶柄。

(十九)双开门芽接和单开门芽接

【特　点】 嫁接时将砧木切口两边的树皮撬开,似

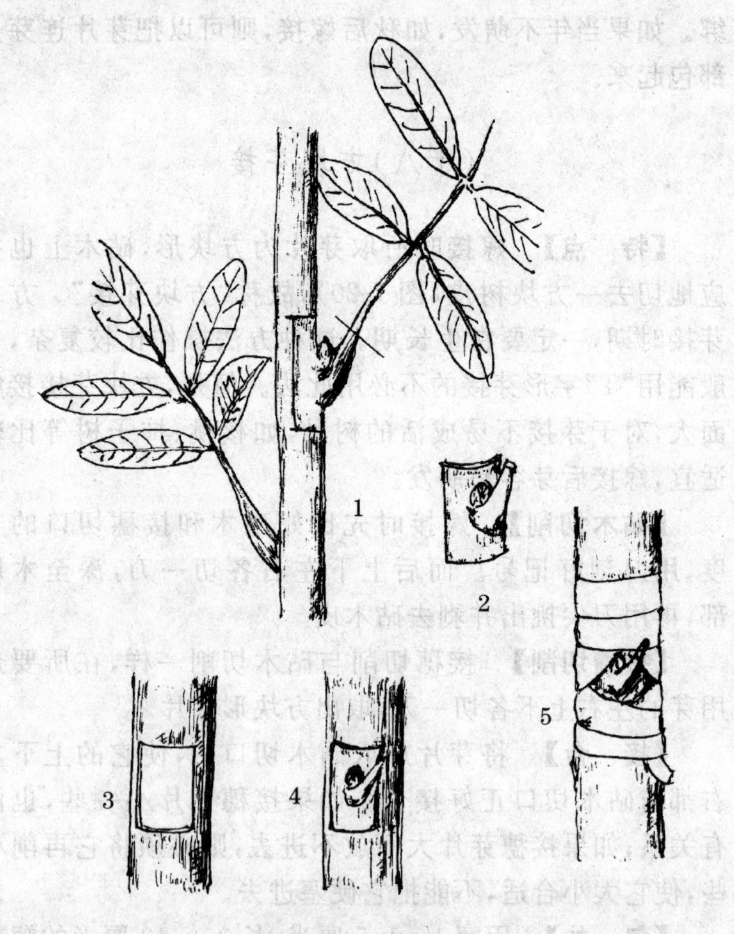

图 7-20　方块芽接

1. 在接穗芽的上下左右各切一刀　2. 用刀尖撬开取出接穗的方块形芽片　3. 在砧木树皮光滑处也上下左右各切一刀，取出树皮，要求砧木切口和接穗芽片大小相同　4. 将芽片嵌入砧木切口中　5. 用塑料条捆严绑紧，捆绑时要露出叶柄和芽

打开两扇门一样(图7-21之5),故称“双开门芽接”,因砧木接口呈“工”字形,故又叫“工”字形芽接。单开门芽接,是只撬开切口一边的树皮(图7-21之3)。二者的嫁接方法相同。此法适合生长期嫁接,用于嫁接比较难活的果树。嫁接成活以后,当年即可萌发。

【砧木切削】 将砧木与接穗先比好大小,使芽片长度与砧木切口长度相等。将砧木在树皮平滑处上下各切一刀,使切口宽度适当超过芽片的宽度。再在中央纵切一刀,使切口呈“工”字形。如果是单开门芽接,则在一边纵切一刀,深至木质部。而后将树皮撬开,形成双开门或单开门。

【接穗切削】 在接穗芽的四周各刻一刀,取出方块形状的芽片。

【接　合】 将接穗放入砧木切口中。进行双开门芽接的,即把左右两边门关住,盖住接穗芽片。进行单开门芽接的,即把砧木皮撬开,砧木皮一半盖住接穗芽片,另一半用手撕去。

【包　扎】 用宽1～1.5厘米、长30～40厘米的塑料条,将芽片捆绑起来。包扎时,要露出芽和叶柄。

(二十)套芽接

【特　点】 套芽接,简称套接。接穗芽存在于一段圆筒形的树皮上,嫁接时把它套在砧木上(图7-22),故叫套芽接。套芽接在生长旺季进行,一般用在芽接难以成活的树种(如柿树)的嫁接。要求接穗芽不突起,容易取

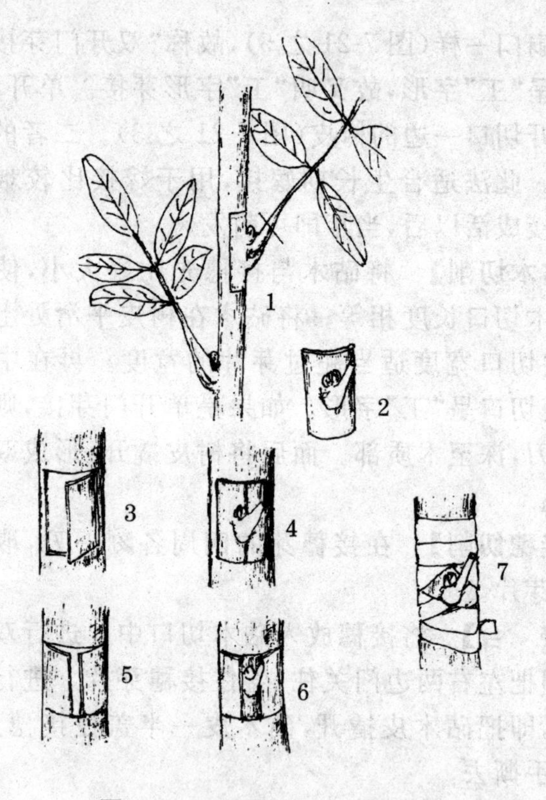

图 7-21　双开门和单开门芽接

1. 将接穗除去叶片，在接芽的上下左右各切一刀　2. 取出方块形或长方块形芽片　3. 选砧木树皮光滑处上下左三面各切一刀，用刀尖从左边将树皮撬开，形成单开门　4. 将接穗芽片从左向右插入切口处，而后将砧木撬起的树皮撕去一半，另一半合上　5. 选砧木树皮光滑处，上下各切一刀，中间纵切一刀，用刀尖将两边树皮分开，形成双开门　6. 将接穗芽片插入砧木树皮开口处，再合上　7. 用塑料条捆严绑紧，露出叶柄和芽

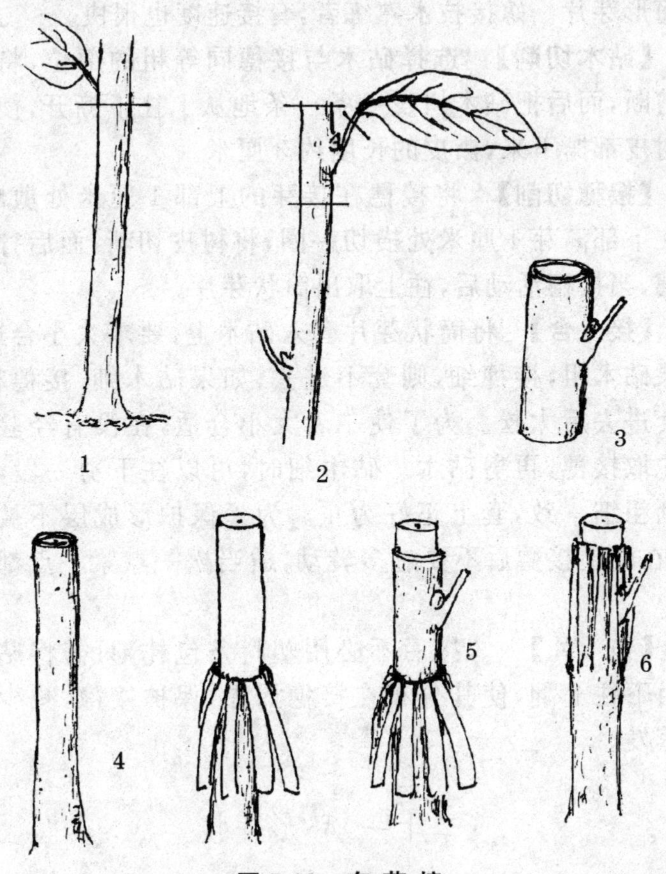

图 7-22　套 芽 接

1. 将与接穗粗度相同的砧木在嫁接处剪断　2. 接穗选择通直的枝条去叶，在芽上方约 1 厘米处剪断，并在叶柄下约 1 厘米处切割一圈　3. 轻轻拧动芽接穗，使筒状芽片与木质部分离，而后从下而上地取出，即得到圆筒状的接芽　4. 砧木接口处要光滑无分杈，从顶端撕下树皮　5. 将筒状接芽套入砧木木质部上　6. 将砧木树皮上翻，罩在接穗周围，可减少接穗的水分蒸发

下筒形芽片。嫁接技术熟练者，套接速度也很快。

【砧木切削】 选择砧木与接穗同等粗的部位，将砧木剪断，而后把砧木树皮一条一条地从上往下撕开，使一圈树皮都撕下来，撕皮的长度约3厘米。

【接穗切削】 将接穗在接芽的上部1厘米处剪断，再在下部离芽1厘米处横切一圈，将树皮切断，而后拧动接穗，当接穗活动后，往上取出筒状芽片。

【接　合】 将筒状芽片套入砧木上，要求大小合适。如果砧木粗，接穗细，则套不进去；如果砧木细，接穗粗，则套进去后太松。为了使二者大小合适，在没有经验时可先取接穗，再剪砧木。砧木细时，可以往下剪一段，以达到粗细一致，套上正好为止。为了保护形成层不被伤害，在套上接穗后不要过多转动，适当松一点紧一点都可以。

【包　扎】 嫁接后不必用塑料条包扎，只需将砧木皮由下往上翻，使其分布在接穗周围，保护接穗，减少水分蒸发。

(二十一)环形芽接

【特　点】 这种方法类似套芽接，接穗也是取一圈树皮，套在砧木中间，砧木似环状剥皮(图7-23)，故称“环形芽接”。

【砧木切削】 将砧木和接穗比好切口上下的位置，切口长约2厘米。上下各切一圈，而后取下树皮，在砧木略粗于接穗时，也可以适当留一点树皮。

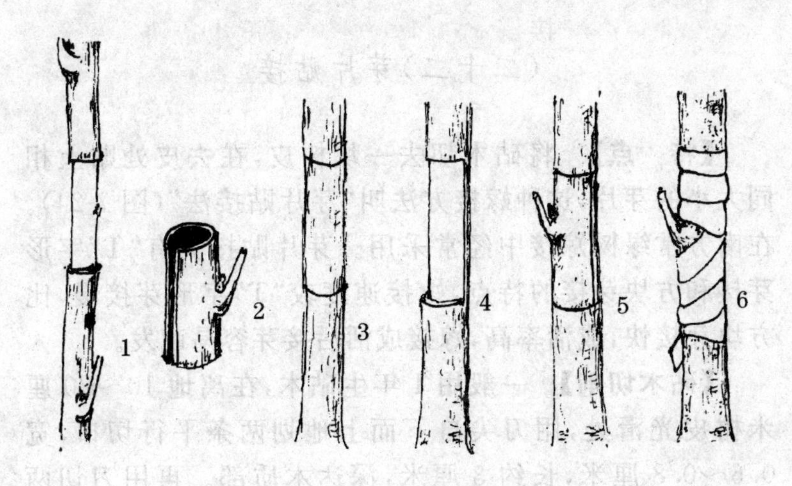

图 7-23　环形芽接

1. 在接穗芽的上下部各切一圈，从芽的背面纵切一刀，用刀尖撬开，拧动芽片　2. 取出背面纵裂的筒状芽片　3. 在砧木平滑处上下各切一刀　4. 剥去砧木树皮(砧木比接穗粗时要留一些树皮)　5. 将接穗嵌入砧木切口处　6. 用塑料条将接合部捆紧

【接穗切削】　以与砧木切口同样的长度切削接穗，在接芽的上下方各切一圈，背面纵切一刀，而后取下环状芽片。

【接　合】　将接穗芽片套在砧木切口上。芽片如果小于切口，也没有关系；如果大于砧木切口，则必须将芽片切去一部分，然后再套上。

【包　扎】　用宽 1～1.5 厘米、长 30～40 厘米的塑料条，将嫁接伤口包严捆紧。

（二十二）芽片贴接

【特　点】 将砧木切去一块树皮，在去皮处贴上相同大小的芽片，这种嫁接方法叫“芽片贴接法”（图 7-24）。在南方常绿树嫁接中经常采用。芽片贴接具有“T”字形芽接和方块芽接的特点，嫁接速度较“T”字形芽接慢，比方块芽接快，成活率高，嫁接成活后接芽容易萌发。

【砧木切削】 一般用 1 年生砧木，在离地 10～20 厘米树皮光滑处，用刀尖自下而上地划两条平行切口，宽 0.6～0.8 厘米，长约 3 厘米，深达木质部。再用刀切两刀，使切口上部交叉，连接成舌状，随后从上而下将皮层挑起，切下上半段树皮。

【接穗切削】 接穗取中部芽片，削取长 2～2.5 厘米、宽约 0.6 厘米不带木质部的盾形芽片。

【接　合】 将接穗的盾形芽片贴入砧木切口中，并插入切口下部砧木的树皮，露出接芽。

【包　扎】 用宽约 1.5 厘米、长 30 厘米的塑料条自下而上地捆绑，如果当年萌发则把接芽露出，如果不萌发则适宜从下而上封闭捆绑。

（二十三）补片芽接

【特　点】 补片芽接有些地方叫贴片芽接或芽片腹接。南方常绿树的嫁接常用此法。在嫁接没有成活时常用此法补接，故称补片芽接。嫁接方法有方块芽接和芽

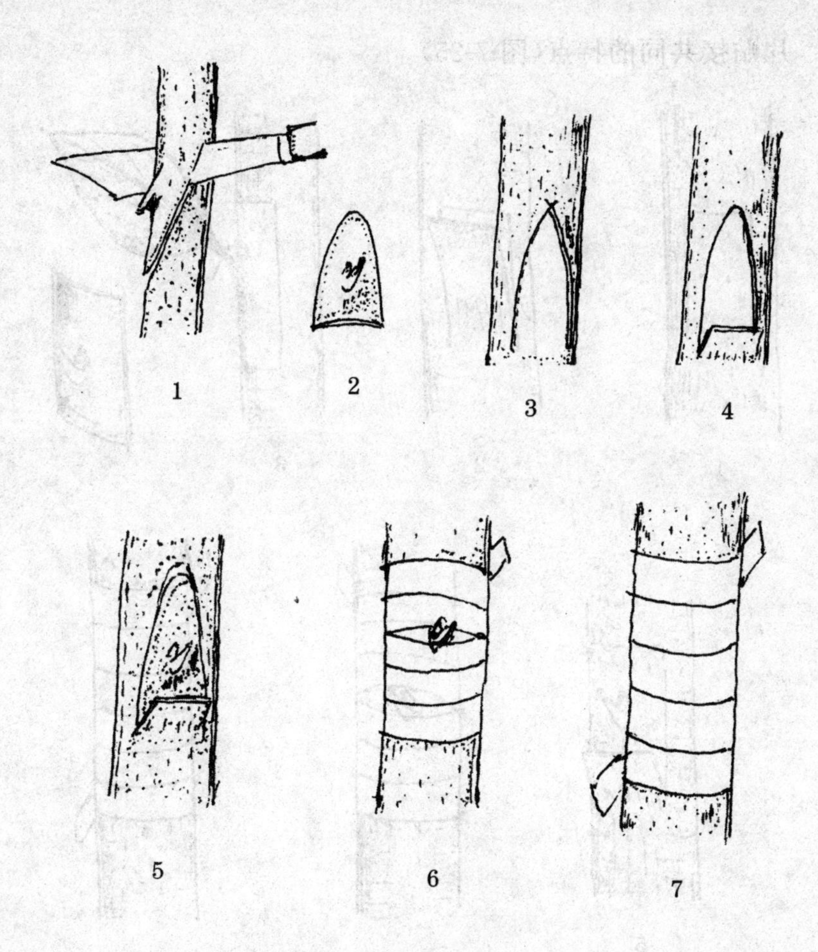

图 7-24　芽片贴接

1. 削取芽片　2. 取下盾形芽片　3. 砧木选平滑处左右纵斜切两刀　4. 用刀尖挑开砧木切口并切去大部，留下部一小段砧皮　5. 将芽片插入切口处　6. 需当年发芽时露芽捆绑　7. 当年不发芽封闭捆绑

片贴接共同的特点(图 7-25)。

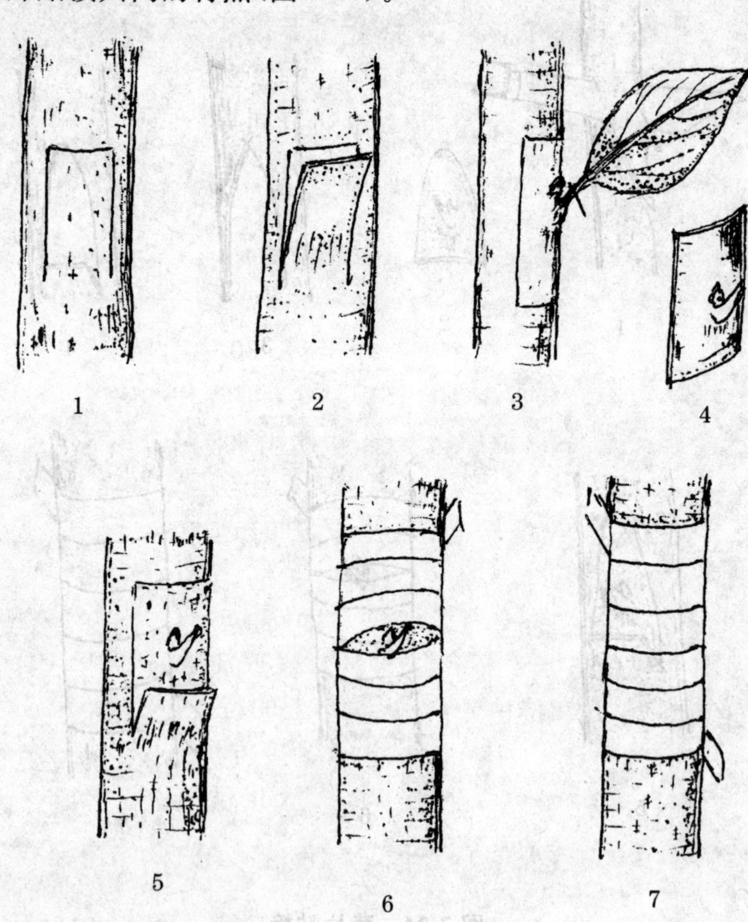

图 7-25　补片芽接

1. 砧木切口　2. 从上而下撬开砧木皮　3. 接穗切口　4. 取下芽片　5. 接穗芽片插入砧木中　6. 露芽捆绑　7. 封闭捆绑

【砧木切削】 在离地10～20厘米树皮光滑处，自下而上切两刀，挑开上部皮层，并向下拉开，而后切去大半撬开的树皮。

【接穗切削】 切取与砧木切口同等大小的芽片，技术不熟练时，芽片适当比砧木切口小一些，基本不影响成活，但不能大于砧木切口。

【接　合】 拿住叶柄，将接穗芽片安放在砧木切口处，下端插入留下的砧木皮内。

【包　扎】 用宽约1.5厘米、长30厘米的塑料条自下而上捆绑密封，如果当年不发芽，可全封闭，当年要发芽时应露芽捆绑，但必须捆紧，以防雨水浸入。

（二十四）嫁接方法的选用

以上共介绍了23种嫁接方法，实际生产应用往往是几种主要的方法。选用哪一种嫁接方法，应根据各地气候条件，砧木和接穗的情况，生产上的特殊要求及嫁接技术水平来决定。对于同一类的嫁接方法到底哪一种较好，哪一种较差，笔者提出一些看法，以供参考。

1. 气候条件

春季嫁接一般适宜用枝接。在风很大的地区，为了减轻风害，应使用劈接、切接或合接。插皮接、插皮舌接、袋接等在接口处容易被风吹折，但如果能做到及时捆绑支棍，也可应用。在春季枝接，如果时期早，气温低，砧木树皮还不能脱离，这时适宜用劈接、腹接、切接或合接。

如果到砧木萌芽时嫁接，气温较高，形成层活动，砧木已能离皮，这时适宜用插皮接、插皮舌接、插皮袋接、皮下腹接等方法。

在夏秋季节，适宜用芽接。当气温升高，砧木、接穗都能离皮，适宜用"T"字形芽接、方块芽接、芽片贴接和补片芽接等方法；在秋季后期，气温较低，砧木和接穗不易离皮时，则适宜用嵌芽接、单芽腹接等方法。

用塑料薄膜包扎时，如果天气炎热，阳光强烈，则不宜套塑料袋。在连续阴雨天气，芽接时适宜用全封闭捆绑，以防雨水浸入。

2. 砧木和接穗情况

春季嫁接对于大砧木，适宜进行多头高接，接口较大时适宜用插皮接和皮下腹接。在苗圃嫁接砧木较小，适宜用劈接、切接或合接。不少地方采用插皮舌接，这种方法必须在砧木和接穗都能离皮时进行，接穗必须现采现接，适宜嫁接的时期很短。笔者用插皮接与插皮舌接相比较，嫁接成活率插皮接高于插皮舌接，而前者省工，后者费工；前者技术简单，后者技术复杂。所以，在选用插皮接和插皮舌接时，应选用插皮接。在插皮接时，接穗反面可以不削，只要将尖端削尖即可。但不少地区在插皮接时都要在接穗背面左右削两刀，再将尖端削尖后插入砧木中。笔者对以上 2 种方法进行比较，结果是接穗背面不削两刀的成活率比削两刀的要高，所以并不是嫁接技术越复杂越好，我们应选用既省工、成活率又高的方法。当然，在砧木较细、接穗较粗的情况下，用插皮接时，接穗背面削两刀可减少砧木皮的裂口，但过粗的接穗在砧木较细时，应用劈接或合接比用插皮接为好。

在砧木和接穗同等粗时，很多材料介绍用舌接法，这种方法比较复杂，嫁接成活率反而比合接要低。所以，在砧木和接穗同等粗时，用合接或劈接法为好，不必用技术复杂的舌接法。

3. 生产上的需要

嫁接方法也要根据生产上的需要来选择。例如，在生长期芽接希望嫁接后加速芽的萌发。在芽接方法上，芽片大的嫁接方法，接后芽容易萌发。用套接法或环状芽接，芽片最大，萌发最快。用方块芽接或补片芽接，芽片较大，接后也容易发芽。“T”字形芽接，如果切芽片大一些，“T”字上部横刀切得深一些，就比较容易萌发；如果芽片切得小些，“T”字上部横刀切得浅一些，就不容易萌发。

在生产上，芽接往往当年不需要萌发。嫁接时期在秋季，嫁接方法可用速度最快的“T”字形芽接法，当砧木、接穗不容易离皮时，适宜用嵌芽接，方法简单，成活率很高。在“T”字形芽接时如果接穗芽隆起，在切削时横刀可深一些，使芽片内带一些木质部，可减少双方接触的空隙，提高成活率。

4. 技术水平

如果嫁接技术较差，或是嫁接新手，一般应选用最简单的嫁接方法。在枝接方面最简单的是插皮接，在芽接方面最简单的是“T”字形芽接，这 2 种方法应该是初学者选用的最佳方法。

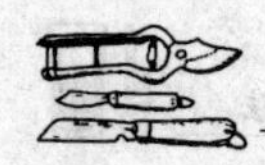

5. 愈伤组织的生长特性

选择嫁接方法，应该仔细观察植物愈伤组织的生长情况，砧木和接穗双方愈伤组织的连接情况，这样才能科学地指导和选用理想的嫁接方法。

以春季普遍采用的插皮接来看，接穗到底在背面左右削两刀好，还是不削两刀为好，可以在嫁接后 15～20 天，解开接口进行观察。对接口愈伤组织生长分布情况可见图 7-26。

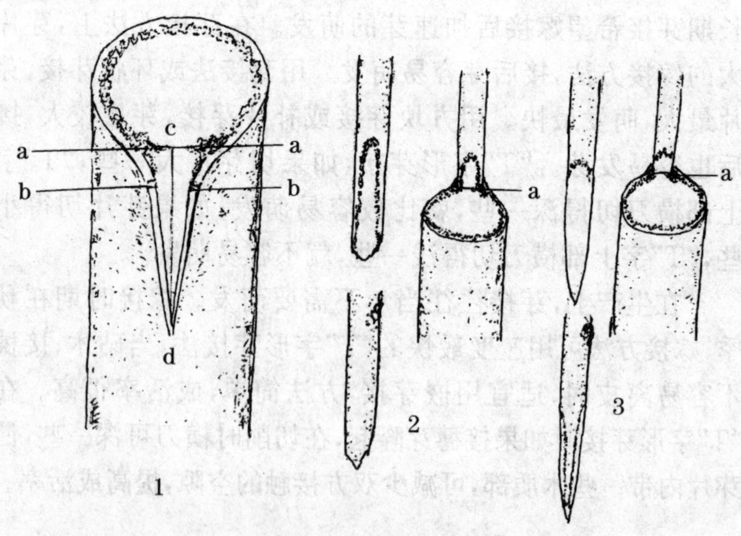

图 7-26　插皮接愈伤组织生长及愈合情况

1. 砧木愈伤组织分布　a. 愈伤组织最多　b. 树皮内侧远离 a 点，愈伤组织极少　c. 木质部远离 a 点，无愈伤组织　2. 接穗正面削一刀，背面不削，a 点以及从 a 到 d 双方愈合良好　3. 接穗正面削一刀，背面削两刀，a 点以及从 a 到 d 双方愈合差

从图7-26看出，砧木横切面形成层都长出愈伤组织，其中木质部和韧皮部开始分离的a点愈伤组织生长最多。在裂口处远离a点的树皮内侧为b点，愈伤组织极少。从a到b愈伤组从多到少，呈梯度分布。在木质部外侧，远离a点的c点，没有愈伤组织，从a到c愈伤组织从多到无，也呈梯度分布。

实际上，在伤口中，愈伤组织从上到下都有分布。如果剥开伤口的树皮来观察，在伤口内侧从a点到d点，愈伤组织最多；从b点到d点一线，愈伤组极少。因此，从ad线到bd线，愈伤组织从多到少呈梯度分布。另外，在木质部外侧，从c点到d点愈伤组织没有生长。因此，从ad线到cd线木质部外侧愈伤组织的分布由多到无，也呈梯度分布。

在插皮接时，如果接穗正面削一刀，背面不削，则形成的愈伤组织在a点互相愈合，从a到d上下愈伤组织都能连接。如果接穗正面削一刀，背面削两刀，从正面看，伤口两边没有形成层了，砧木愈伤组织最多的a点，不能和接穗愈伤组织相连接；接穗背面能生长愈伤组织，和砧木bd线相接。由于bd线愈伤组织没有ab线多，所以接穗背面削两刀起了反作用，是吃力不讨好的做法。在接穗不是过粗的情况下，以接穗背面不削为好。

春季嫁接的接穗，其木质部和树皮不分离时，伤口处形成层能生长较多的愈伤组织，如果分离后，其木质部的外侧和韧皮部内侧形成愈伤组织则极少。在采用插皮舌接时，接穗树皮和木质部分离，表面上看，这种方法双方接触面很大，实际上，由于接穗形成愈伤组织少而影响嫁接的成活。所以，操作复杂的插皮舌接，不如操作简单的插皮接成活率高。

八、特殊用途的嫁接技术

前面讲了23种不同的嫁接方法。但是，只知道这些方法，还是很难将它们应用到生产实践中去。还必须进一步了解嫁接技术的应用范围和在什么情况下应用什么样的嫁接方法等问题，并且使这些嫁接方法的应用和其他科学的栽培措施密切结合起来。只有这样，才能使嫁接成功，并且达到优质高产的栽培目的。下面针对嫁接技术的具体应用问题，介绍23种具有特殊用途的嫁接技术。这也是嫁接为生产服务中的核心问题。

（一）落叶果树改劣换优的多头高接技术

【意　义】 随着生产的发展，新的优良品种不断被培育出来，国外的优良品种也不断被引进来。在这种情况下，原来有些劣种果树以及相形见绌品种的果树就需要加以改造，一些大树需要进行多头高接，使之成为优良品种的果树。有些树种以前多用实生繁殖，如板栗树和核桃树，出现了不少劣种树，并且结果时期也普遍很晚，需要进行高接换种。另外，山区有各种野生的大砧木，如山杏和山桃等，也需要进行改造和利用。由于这些砧木比较高大，根系也很发达，必须采用多头高接的方法进行改造。采用这种方法改造果树和野生砧木，嫁接用多头高接，成活后能很快恢复树冠，达到枝叶茂盛，使嫁接树

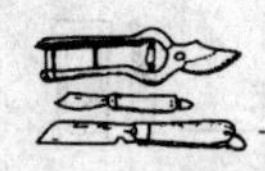

正常地生长发育,1～2 年后便能大量结果。

【技术操作要点】 在嫁接之前,要确定嫁接的部位和嫁接的头数,这就要根据以下 3 条原则来进行。

第一,要尽快恢复和扩大树冠。嫁接头数,以多一些为好,具体头数一般与树龄成正相关关系。例如,5 年生树可接 10 个头,10 年生树接 20 个头,20 年生树接 40 个头,50 年生树接 100 个头。树龄每增加 1 年,高接时要多接 2 个头。砧木树龄越大,嫁接头数就越多。

第二,要考虑锯口的粗度。接口的直径通常以 3～5 厘米为最好。接口太大,嫁接后就不容易愈合,还会给病虫害的侵入创造条件,特别容易引起各类茎干腐烂病。另外,对以后新植株枝干的牢固程度也有不良影响。如果接口较小,则一般 1 个接口接 1 个接穗。这样,既便于捆绑,嫁接速度也快,并且成活率还高。

第三,嫁接部位距离树体主干不要过远,嫁接头数不宜过多,以免引起内膛缺枝,结果部位外移。

根据以上原则,对尚未结果和刚开始结果的小果树,可将接穗接在砧木一级骨干枝上,即主枝上。一般在离主干 30～40 厘米的主枝上嫁接。这样,所长出的新梢可以作为主枝和侧枝。在嫁接时,中央干嫁接的高度要高于主枝,使中央干保持优势。对于盛果期的果树,接穗要接在二级骨干枝上,即主枝、侧枝或副侧枝上,在它的大型结果枝组上也可以嫁接。为了达到树冠圆满紧凑,使嫁接成活后的果树立体结果,除了对果树进行枝头嫁接外,对它的内膛也可用腹接法来补充其中的枝条,或者在

嫁接后将砧木的萌芽适当予以保留，待日后再进行芽接，以补充内膛的枝条数量(图 8-1)。

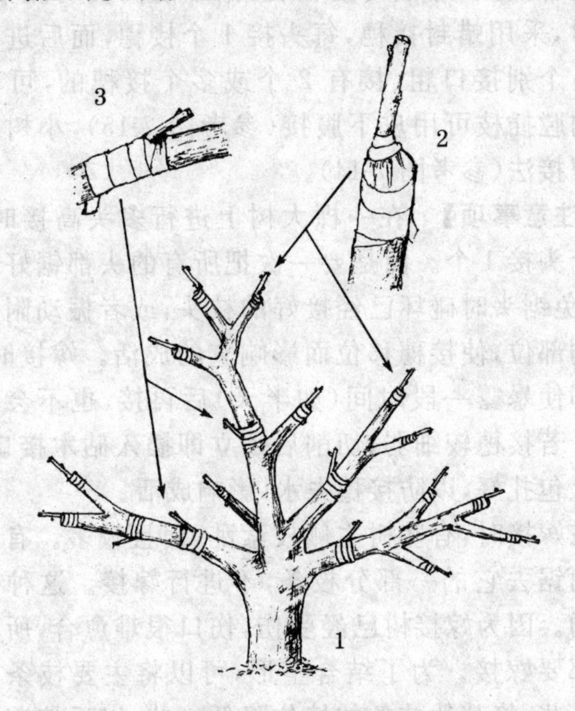

图 8-1　落叶果树改劣换优的多头高接技术

1. 多头高接骨架。高大砧木的嫁接头数要多，上下里外接头要错落有序。采用蜡封接穗，裸穗嫁接　2. 枝条顶端早期嫁接采用合接，较晚嫁接采用插皮接。接后用塑料条将伤口绑严捆紧　3. 采用腹接法或皮下腹接法，可填补内膛空间，避免结果部位上移

在嫁接方法的选用上，由于高接时常站在梯子上或爬到树上作业，所以应力求简单，可采用合接法(参考图

7-11)或插皮接(参考图 7-1)。一般嫁接时期早,砧木不离皮时用合接法;嫁接时期较晚,砧木能离皮时用插皮接。嫁接时,采用蜡封接穗,每头接 1 个接穗,而后进行裸穗包扎。个别接口粗、接有 2 个或多个接穗的,可套塑料袋。内膛插枝可用皮下腹接(参考图 7-15),小树树皮薄可用腹接法(参考图 7-14)。

【注意事项】 在一棵大树上进行多头高接时,不能锯 1 个头接 1 个。而是要一次把所有的头都锯好后再嫁接,以免锯头时碰坏已经接好的枝头,或者振动附近已经接好的部位,使接穗移位而影响它的成活。嫁接时,砧木伤口即使暴露一段时间(如半天)后再接,也不会影响成活率。若接穗较细弱,切削后须立即插入砧木接口,并且要马上包扎好,以防接穗失水,影响成活。

在嫁接时,有些树主侧枝紊乱,而且较多。有人为了整形而锯去它的一部分枝条,不进行嫁接。这种做法是错误的。因为嫁接树已经受伤,伤口很难愈合,所以全部枝条都要嫁接。为了结合整形,可以将主要枝条的接位提高一些,将其他枝条的接位降低一些,以后培养成辅养枝控制生长。总之,嫁接后的枝叶量以多为好,以后可逐步进行整形修剪。

(二)常绿果树改劣换优的多头高接技术

【意　义】 我国的常绿果树主要分布在南方山区,这里气候、土壤条件很适合果树生长。但是长期以来,由于交通闭塞等原因,这里的果树品种都以地方品种为主,品种繁多，而且混杂，品质差的品种比例很高。以柑橘为例，约有40%的品种是较差的，在市场上没有竞争力，应进行改良。在交通不便的山区，可以发展优质的加工品种，发展果品加工业，但目前我国山区的水果品质，远远不能满足加工业的需要。

发展优良品种有2条途径：一是发展优良品种的新果园，二是对现有品种进行高接换种。目前，我国果树栽培面积已经很大。例如，柑橘在产量上已经供大于求，现在的主要任务是提高果品的质量。高接换种是迅速改劣换优的好方法，具有很大的潜力，可以说是近几年发展果树优良品种的主要方法。

【技术操作要点】 从嫁接时期来说，常绿果树一年四季都可以进行嫁接，但高接换头的最适时期是春季，即枝叶开始生长的时期。这个时期，气温回升，树液流动，根系的养分往上运输，伤口容易愈合，而且愈合后生长速度快，高接换头后可以为提早结果和丰产打下良好的基础。在嫁接操作时要做到以下3点。

(1)砧木要保留叶片 这和落叶果树不同，落叶果树在落叶之前，养分都回收到根系和枝条内，春季嫁接时，其愈合、萌芽的能力很强；而常绿果树的根系和枝条所含养分比较少，必须依靠叶片不断进行光合作用，制造有机营养，以供给接口愈合和接穗生长的需要。但要注意，嫁接后不能让砧木枝条萌芽生长，不能生长新叶，而只能保留老叶。这样，才能保证接穗的愈合和芽的萌发生长。

(2)接穗粗壮，芽要饱满 有叶的绿枝和休眠的枝条不同。它体内的养分含量少，如果枝条细弱，养分含量则更少，嫁接后一般难以成活。所以，一定要用粗壮充实的1年生枝，而且芽要饱满，最好用即将萌发的，即已经膨大的芽。这种枝条养分含量相对较高，嫁接后愈合生长快。

(3)要用塑料袋保持湿度 常绿果树枝条的皮没有很厚的保护层，所以作接穗用时不宜进行蜡封，以免烫伤接芽。用它进行嫁接时，为了既保持伤口的湿度，又防止枝条失水和雨水浸入接口，用塑料袋套住接穗和伤口是最适合的。常绿果树一般在早春嫁接最为合适。这时，气温比较低，套上塑料袋不仅不会造成温度过高而影响愈合和生长；相反，还会由于能提高温度，而促进伤口的愈合和接穗的发芽与生长。

常绿果树进行高接换种，其嫁接的头数基本上和落叶果树的一样；嫁接的方法可以用插皮接(参考图7-1)、切接(参考图7-8)或单芽切接(参考图7-17)，接合时进行裸芽包扎，而后在伤口上抹泥，再套上塑料袋(图8-2)。

【注意事项】 进行多头高接时，先把所有的接头树枝从接口处全部锯断，而后一个一个地嫁接。不要接一个锯一个头，以免锯树时损坏已经接好的部位。据有些资料介绍，多头高接可以分几年完成。其实这是不可取的。因为如果对一棵树先嫁接一半数量的接头树枝，则此树根系吸收的水分和养分很容易大多供给没有嫁接的半数树枝，而嫁接的半数树枝的生长势非常弱，甚至逐渐死亡。因此，多头高接要求一次性完成。进行常绿树嫁接时，砧木要保留一定数量的枝叶，随着接穗生长展叶，

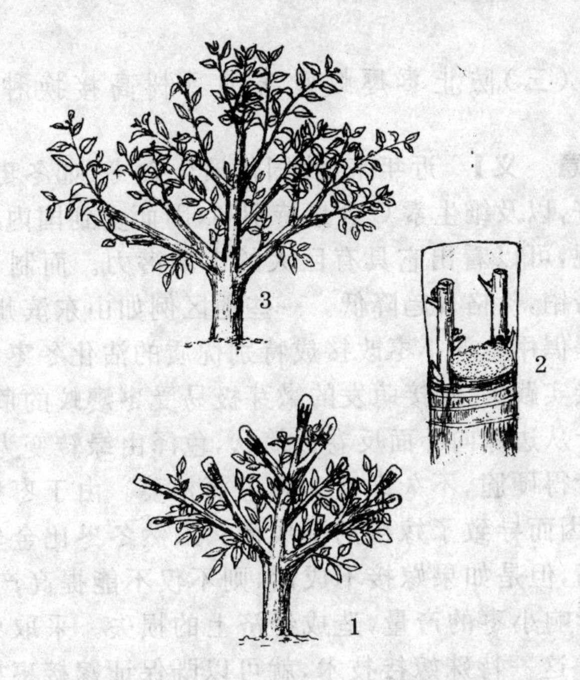

图 8-2　常绿果树改劣换优的多头高接技术

1. 多头高接骨架。嫁接要用粗壮、幼芽饱满的接穗，一般可采用切接、单芽切接或插皮接方法进行。砧木要保留一定数量的枝叶，但要控制其生长　2. 嫁接情况。接后要套塑料袋，以保持湿度，提高温度，防止雨水浸入，促进伤口愈合　3. 嫁接成活后的生长情况。对保留的砧木枝叶要逐步剪除

所保留的砧木枝叶要逐步剪除。当接穗的枝叶量很大时，要将砧木的枝叶全部去除。这样，才有利于接穗的迅速生长和结果。

（三）防止枣瘿蚊危害的枣树高接换种

【意　义】 近年来，我国优质生食枣（如冬枣）由于风味好，以及维生素C含量特别高，因而受到国内外市场的重视，可以看出它具有巨大的市场潜力。而制干品种产品滞销，价格日趋降低。一些地区例如山东滨州地区，大力提倡用金丝小枣改接成特别优质的沾化冬枣。但是在嫁接实践中，嫁接萌发的嫩芽极易受枣瘿蚊的危害，使受害叶从边缘向叶面反卷成筒状，色泽由绿转变为紫红，质地变得硬脆，不久即变为黑色而枯萎。由于枣瘿蚊的危害，因而导致了嫁接的不成活。虽然冬枣比金丝小枣产值高，但是如果嫁接不成活，则不仅不能提高产值，还反而影响小枣的产量，造成经济上的损失。采取枣树高接换种这一特殊嫁接技术，就可以既保证嫁接枣树的成活，又使它不受枣瘿蚊的危害，从而生长快，结果早。

【技术操作要点】 进行防止枣瘿蚊危害的枣树高接换种嫁接操作，要掌握以下要点。

（1）要在接口套塑料袋 嫁接后套上塑料袋，可以保持接口湿度，促进愈伤组织生长，并保持接穗的生命力，使它不会因水分蒸发而抽干。由于接穗萌发后处在塑料袋里面，枣瘿蚊无法进入其中危害枣芽，因而能保护枣芽正常地萌发和生长。由于枣瘿蚊专门危害嫩叶，不危害老叶。因此，到嫁接枣树的叶片长大老熟后，再打开塑料袋，枣瘿蚊就不危害这种老熟的叶片了。这样，就解决了枣瘿蚊危害的问题。

(2)要适当提早嫁接 由于枣树萌芽晚，因此在正常情况下，枣树春季嫁接的时期也比较晚。但是在罩住接口和接穗的塑料袋内，到5月份太阳直晒时温度非常高，可超过42℃。虽然枣树比较抗热，但是作为它的新梢幼嫩，其耐热性则较差。加上又要紧贴被晒得发热的塑料薄膜，也容易被烫伤。所以，枣树的嫁接时期应适当提前，以便避免塑料袋内因天热和阳光直晒所造成的高温。枣树提早嫁接，由于塑料袋内能增温，因而能早嫁接早愈合，并使接芽早萌发，躲过枣瘿蚊的危害。另外，嫁接枣树的生长量也可以加大，因而能提早恢复树冠和提前进入丰产期。

(3)要增加嫁接头数 笔者调查了山东省无棣县一带的高接枣树。看到这里的嫁接枣树普遍嫁接头太少，一棵大树只接几个头，接口很粗。这样嫁接，大树改成了小树，由于叶面积变小，其地上地下两部分失去平衡，引起树势衰弱，使接口不能愈合而发生腐烂。由此可见，枣树嫁接必须实行多头高接，而且要多一些腹接，才能很快恢复树冠和很快结果。

(4)要根据嫁接时期的不同采用不同的嫁接方法 枣树高接所采用的方法，与嫁接时期有关。普通嫁接可以采用插皮接(参考图7-1和图7-2)，但提前嫁接时砧木还不离皮，故可采用合接(参考图7-11)或切接(参考图7-8)，也可以采用切贴接(参考图7-9)。比较起来，合接速度快，嫁接成活率高，成活后接口很牢固，不易被风吹折。枣树的内膛嫁接，可用腹接法或皮下腹接法；在枣树不离皮时用腹接法进行嫁接(图 8-3)。

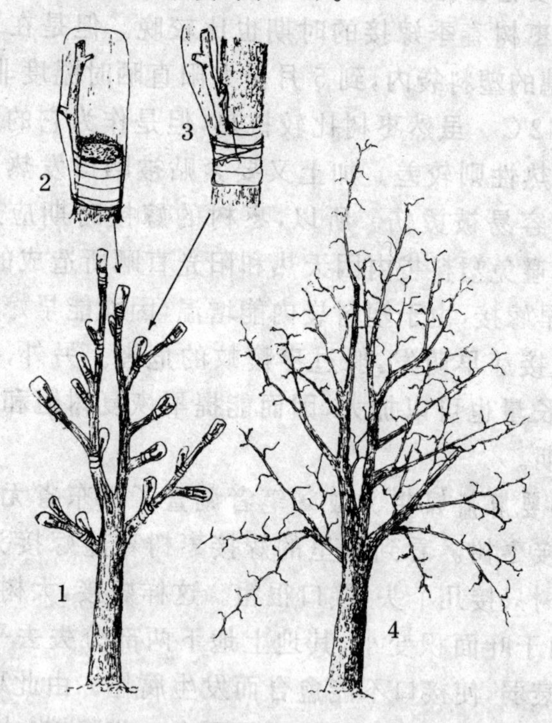

图 8-3　防止枣瘿蚊危害的枣树高接换种技术

1. 多头高接骨架。接穗要粗壮,留 1～2 个芽。采用合接法提早嫁接,接口要抹泥,而后套上塑料袋　2. 合接法。接口抹泥后套上塑料袋　3. 腹接或皮下腹接。用塑料条捆紧,再套上塑料袋　4. 嫁接早,萌发早,可避免枣瘿蚊危害。嫁接后的当年生长量大,恢复树冠,第二年可大量结果

【注意事项】　进行防止枣瘿蚊危害的枣树高接换种嫁接操作,除参考"落叶果树改劣换优多头高接技术"外,还要注意以下 2 点:①有的砧木树龄大,树皮较厚,嫁接

时应先把黑褐色的开裂老皮削去，露出嫩皮后再嫁接。②嫁接成活、接穗萌发后先不要急于打开塑料袋，以防枣瘿蚊危害嫩叶。待叶片长大后，先打开小孔通气。当枝叶在塑料袋内无法伸展时，再在傍晚除去塑料袋。

（四）克服核桃树伤流液的嫁接技术

【意　义】 我国的核桃树，除云南地区群众习惯用嫁接繁殖以外（用黑核桃接核桃），其他地区的群众多用种子繁殖，使它的后代表现不一致，混杂有很多夹皮核桃和厚皮核桃，其形状和大小各不相同，影响商品价值（图 2-1）。因此，必须通过嫁接将混杂品种改造成品种优良的核桃树。另外，野生的核桃楸也可以高接改造成核桃树。

核桃树嫁接后成活率比较低。就枝接来说，其主要原因是伤流液的不良影响，即在伤口流出液体，引起接口不通气和霉烂，妨碍了接口的愈合。因此，克服伤流液的不良影响，是提高核桃树嫁接成活率的关键。

【技术操作要点】 提高核桃树嫁接成活率的要点如下。

(1)进行“放水”处理 核桃树根系吸水能力强，能形成根压。在春季把枝条锯断时，伤口就会流出伤流液。伤口越靠近根系，其根压越大，伤流液量也越大；伤口距根系越远，其根压越小，伤流液量也越小。根据这一特点，进行嫁接前就可以在核桃树干下部深砍 2～3 刀（可

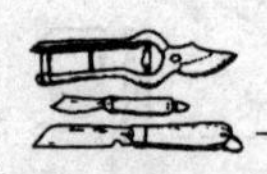

用木棍敲砍刀)，伤口必须深入木质部才能使伤流液从下部伤口流出来，接口的伤流液就立即减少。所以，进行“放水”处理，效果非常好。

(2)嫁接时期适当晚一些，并留一些砧木树叶 核桃树的伤流量具有如下规律：芽膨大时伤流量最大，芽萌发后伤流量即下降。因此，以等到砧木芽萌发时嫁接为宜。另外，砧木留些树叶，也可以减少伤口的伤流液。其原因主要是，这样做可吸引一部分水分到树叶中，从而减少了伤口的伤流液(图 8-4)。

(3)嫁接方法要适当 核桃树嫁接的方法，进行春季枝接可采用劈接(参考图 7-6)或合接(参考图 7-11)。由于核桃树接穗比较粗壮，所以砧木较小时不适合用插皮接。进行核桃树芽接，可采用环形芽接(参考图 7-23)。用于核桃树育苗。

【注意事项】 核桃树的枝条，有的空心大(髓部大)，不充实。这类枝条不宜作接穗用。进行核桃树嫁接，必须采用生长充实的发育枝。这样，才能保证嫁接成活。对于选出的优种树，需要压缩修剪，对老树要进行更新修剪。同时，要加强肥水管理，使优种树生长出强壮的发育枝。最好建立优种采穗圃，使优种核桃树不结果，只用于培养接穗。保证接穗粗壮充实，也是核桃树嫁接成活的重要条件之一。另外，在核桃树嫁接成活后要把砧木留的枝叶清除。“放水”的伤口，用塑料条包扎，以利于伤口的愈合。

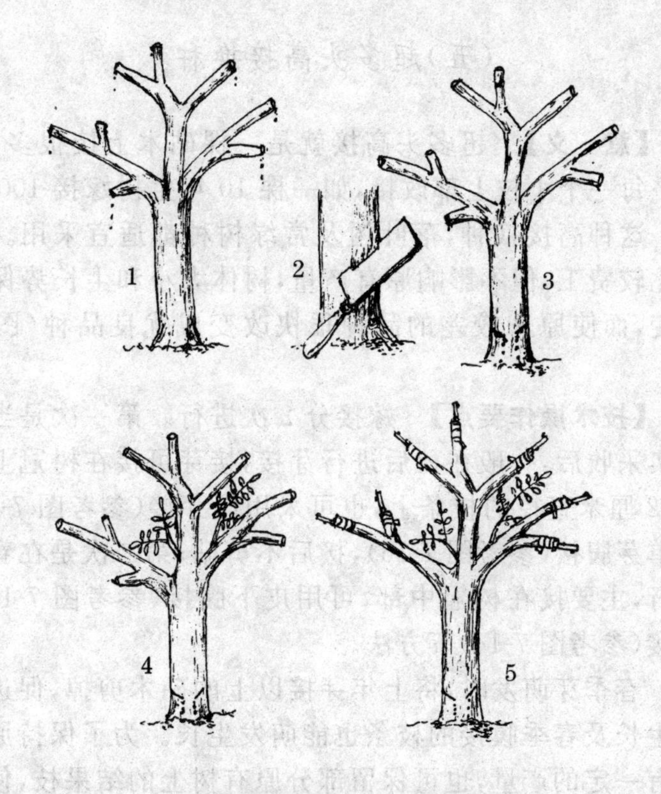

图 8-4　克服核桃树伤流液的嫁接技术

1. 核桃树在春季嫁接时砧木伤口流出大量伤流液，影响嫁接的成活　2. 在砧木基部斜向深砍 2～3 刀，深入木质部　3. 在砧木下部砍的伤口流出大量伤流液，使接口伤流液明显减少　4. 将嫁接时期适当推晚一些，使砧木保留一些枝叶，并结合进行“放水”处理，这样接口就没有伤流液流出　5. 选用粗壮充实、髓心小的接穗，蜡封接穗，可提高成活率

(五)超多头高接换种

【意　义】 超多头高接就是一棵砧木上接很多头，几乎每一个小枝上都改接，如一棵10年生树嫁接100个头。这种高接换种，落叶树及常绿树种都适宜采用。虽然比较费工，但不影响原有产量，树体大小和生长势保持不变，而使原来较差的品种很快改变成优良品种(图8-5)。

【技术操作要点】 嫁接分2次进行。第一次是当年果实采收后，一般在秋后进行芽接，接芽可接在树冠上部1～2厘米直径的枝条上，也可采用嵌芽接(参考图7-19)或单芽腹接(参考图7-16)，接后不剪砧；第二次是在春季进行，主要接在树冠中部，可用皮下腹接(参考图7-15)、腹接(参考图7-14)等方法。

春季芽萌发时，将上年芽接以上的砧木剪掉，促进接芽生长及春季腹接的枝条也能萌发生长。为了保持原砧木有一定的产量，也可保留部分原有树上的结果枝，使其开花结果，但是要控制砧木枝条的生长，促进嫁接新品种的生长。第二年砧木枝条即要剪除，使新品种生长和结果。

【注意事项】 春季剪砧后，成活的芽和砧木芽同时萌发，要保证接穗的生长，砧木适当保留，要以不影响新品种生长为前提。由于接头多，生长比较缓和，不绑支棍也不会折断。要注意通风透光，新梢摘心，可促进当年形成花芽。

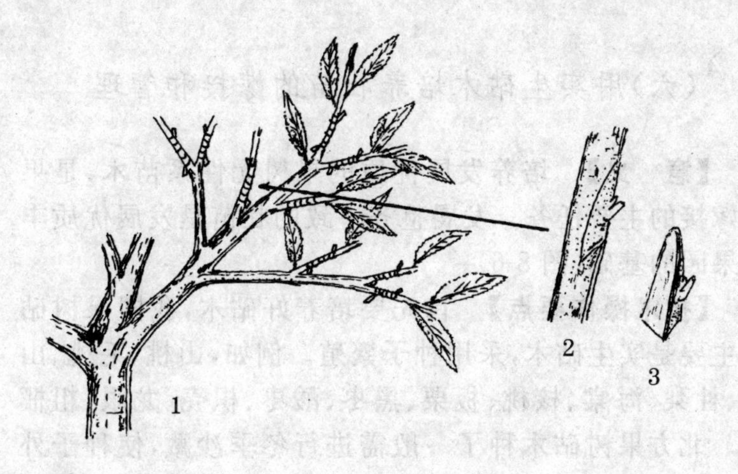

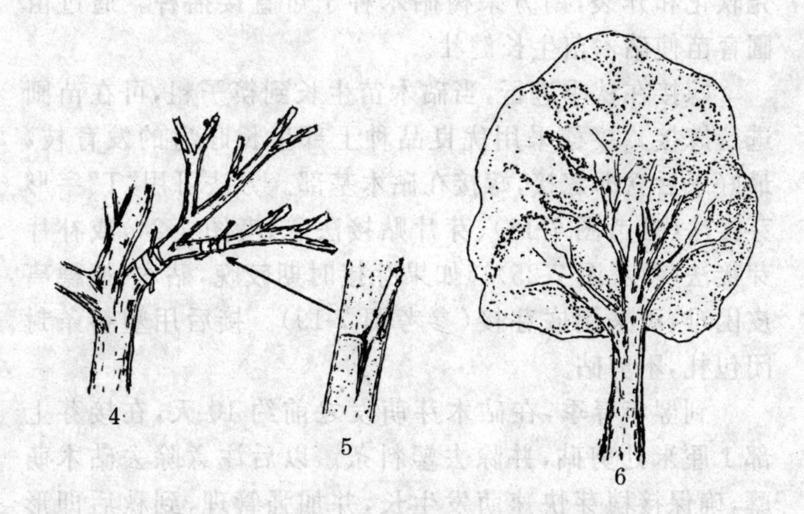

图 8-5 超多头高接换种

1. 秋季在分枝基部多头芽接 2. 秋后可用嵌芽接 3. 接穗芽片 4. 翌年春季剪砧，下部枝接补充空间 5. 用皮下腹接法 6. 接后第二年树冠圆满紧凑，形成优良品种

(六)用实生砧木培养壮苗的嫁接和管理

【意　义】 培养发展优质的果树无性系苗木，是果树嫁接的主要任务。发展整齐一致的壮苗是发展优质丰产果园的基础(图 8-6)。

【技术操作要点】 首先要培养好砧木，我国果树砧木主要是实生砧木，采用种子繁殖。例如，山桃、毛桃、山杏、杜梨、海棠、核桃、板栗、黑枣、酸枣、枳壳、龙眼、粗榧等。北方果树砧木种子一般需进行冬季沙藏，使种子外壳软化和开裂，南方果树砧木种子可直接播种。通过苗圃育苗使砧木苗生长健壮。

嫁接在秋季进行，当砧木苗生长到筷子粗，可在苗圃进行嫁接。接穗采用优良品种上部生长旺盛的发育枝，最好采后立即嫁接，嫁接在砧木基部。方法可用“T”字形芽接法(参考图 7-18)、芽片贴接法(参考图 7-24)或补片芽接法(参考图 7-25)。如果芽接时期较晚，砧木、接穗离皮困难，可采用嵌芽接(参考图 7-19)。接后用塑料条封闭包扎，不剪砧。

到翌年春季，在砧木芽萌发之前约 10 天，在接芽上部 1 厘米处剪砧，并除去塑料条。以后注意除去砧木萌蘖，确保接穗芽快速萌发生长，并加强管理，到秋后即形成壮苗。也可以在苗圃内整形，可形成有三大主枝的壮苗。

【注意事项】 秋季嫁接早期用“T”字形芽接时，“T”字形口上面的横刀不要切得过深，只需要切断韧皮部。

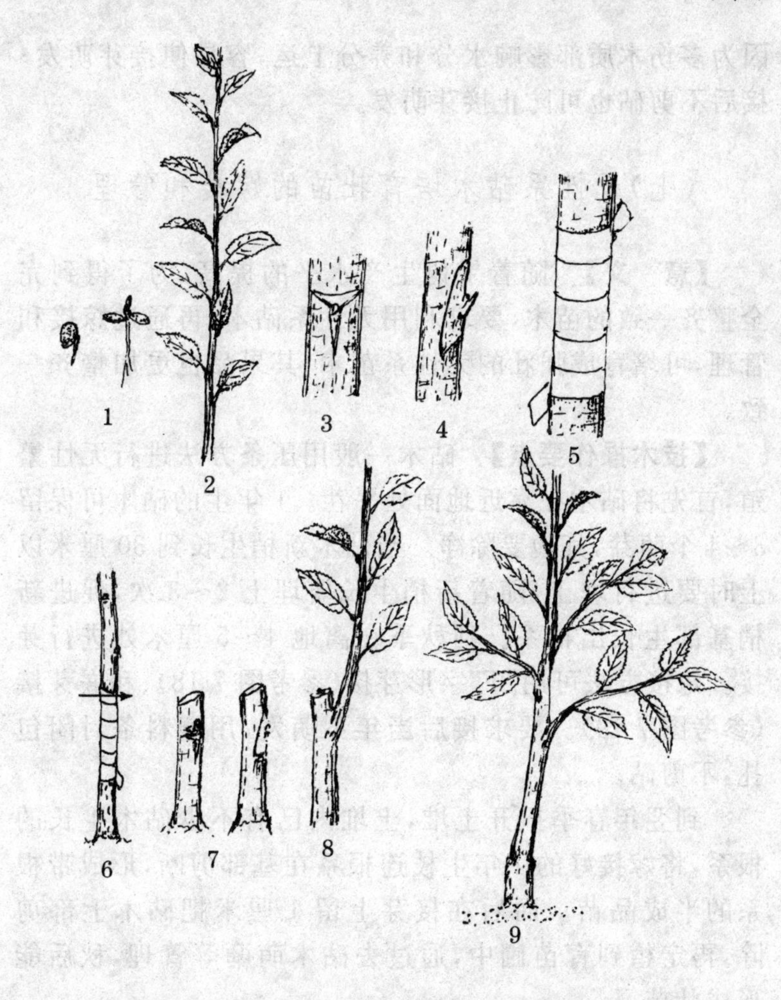

图 8-6　实生砧木培养壮苗的嫁接和管理

1. 砧木种子播种　2. 砧木生长健壮　3. “T”字形芽接
4. 嵌芽接　5. 封闭式捆绑　6. 翌年春剪砧　7. 清除塑料条
8. 接芽萌发生长　9. 通过圃内整形 1 年后形成壮苗

因为多伤木质部影响水分和养分上运，容易使接芽萌发。接后不剪砧也可防止接芽萌发。

（七）无性系砧木培育壮苗的嫁接和管理

【意　义】 随着果树生产水平的提高，为了得到完全整齐一致的苗木，要求利用无性系砧木，再通过嫁接和管理，可培育成强壮的无性系苗木，其果品也更加整齐一致。

【技术操作要点】 砧木一般用压条方法进行无性繁殖，首先将砧木在靠近地面处平茬。1年生的砧木可保留3～4个萌芽，其他要除净。当砧木新梢生长到30厘米以上时要进行埋土，随着新梢生长要埋土2～3次，促进新梢基部生长出根系。到秋季在离地4～5厘米处进行芽接。嫁接方法可用“T”字形芽接（参考图7-18）、和嵌芽接（参考图7-19）。要求接后当年不萌发，用塑料条封闭包扎，不剪砧。

到翌年春季扒开土堆，土堆内已有不少砧木生长的根系，将嫁接好的1年生枝连根系在基部剪断，形成带根系的半成品苗。而后在接芽上留1厘米把砧木上部剪除，再定植到育苗圃中，通过去砧木萌蘖等管理，秋后能形成壮苗。

老砧木还可以继续萌生更多的新梢，再进行培土生根和嫁接，每年还能增加嫁接数量，形成连年生产无性系砧木（图8-7）。有些砧木可用扦插法来繁殖，而后再嫁接，培养成无性系砧木的嫁接苗。

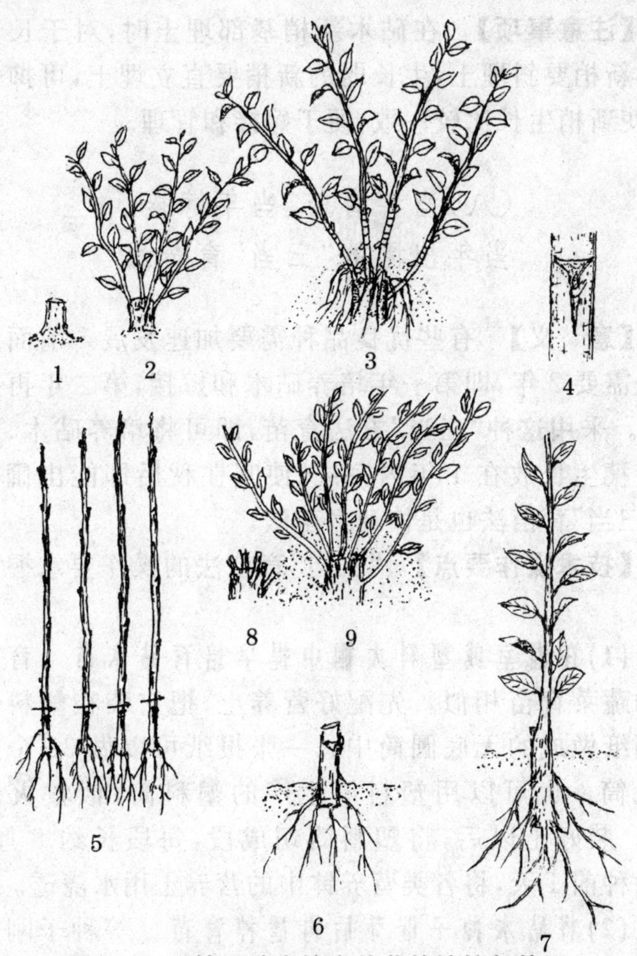

图 8-7　无性系砧木培育壮苗的嫁接与管理

1. 砧木平茬　2. 生长出新梢　3. 新梢基部埋土并嫁接优种　4."T"字形芽接　5. 春季剪砧　6. 定植苗圃　7. 1 年后生长成壮苗　8. 砧木继续培养　9. 生长出更多的新梢可埋土，以后再嫁接，不断生产苗木

【注意事项】 在砧木新梢基部埋土时，对于长势旺盛的新梢要斜埋土，生长弱的新梢要直立埋土，可抑强扶弱，使新梢生长比较一致，便于嫁接和管理。

（八）当年育苗、当年嫁接、当年出圃的“三当”育苗法

【意　义】 有些优良品种需要加速发展。前面讲的方法需要2年，即第一年培养砧木和嫁接，第二年再生长1年。采用这种“三当”方法育苗，即可将培养砧木、嫁接和接穗生长放在1年内完成，使其在秋后即能出圃。所以“三当”育苗法也是快速育苗法。

【技术操作要点】 “三当”育苗法的操作要掌握如下要点。

(1)在温室或塑料大棚中提早培育砧木苗 育苗方法和蔬菜育苗相似。先配好营养土，把它装在塑料钵或者用纸做成的无底圆筒中。一张报纸可以做32个这种小纸筒。也可以用塑料厂生产的塑料筒（似救火的水管）。装好土以后，将塑料筒切成段，每段长约8厘米。在播种前1天，将各类营养钵中的营养土用水浇透。

(2)将砧木种子催芽后再播种育苗 等种子刚萌发并露白时，即种入营养钵中，每个营养钵中种1粒种子，上面覆一层约为种子直径2倍厚的疏松湿土。然后，在上面盖上塑料薄膜。要使温室保持较高的温度。等种子发芽出土后，将塑料薄膜除去，加强管理，促进砧木苗生长。待大地回春、霜冻过后，将其移入田间，加强田间管

理，使幼苗快速生长成为壮苗。

(3)掌握好嫁接时期和嫁接方法 嫁接时期，一般在5月下旬至6月上中旬。这时砧木已经有筷子粗，接穗新梢也已比较充实。在离地20厘米处嫁接。嫁接方法，可采用“T”字形芽接法。对于难以成活的树种，可采用方块形或环形的芽接法。接好后，在砧木接口上部保留2片叶片，而将其他叶片剪除。嫁接口以下的叶片也要保留。这样，一方面控制砧木生长，促进接芽生长(图8-8)，另一方面保留砧木叶片制造养分，有利于伤口的愈合。待接芽萌发后，再将接芽上部的砧木剪除，并抹除砧木的萌芽，使根系吸收的营养集中到接穗上。接穗经过夏季和秋季的生长，长度能达到50厘米以上，管理良好的能长到1米左右，达到苗木出圃的标准。

(九)嫩枝嫁接技术的特点和应用

【意　义】 常绿树嫁接比较适用芽接法，但也适宜用嫩枝嫁接，嫩枝嫁接可以不带叶片，也可以带叶片。带叶片有利于嫁接口的愈合，同时能快速生长，加速良种的发展。葡萄嫩枝嫁接可以克服伤流液的不良影响。

【技术操作要点】

(1)采用腹接法 常绿树育苗第一年先培育健壮的砧木苗，到第二年春季新梢芽萌发时进行腹接。接穗要求较粗壮，芽饱满，嫁接在砧木中下部，采用腹接法(参考图7-14)。接穗如果带叶片，在嫁接捆绑后再用一小块地膜或塑料袋套上，保持叶片不萎蔫。由于叶片能制造养

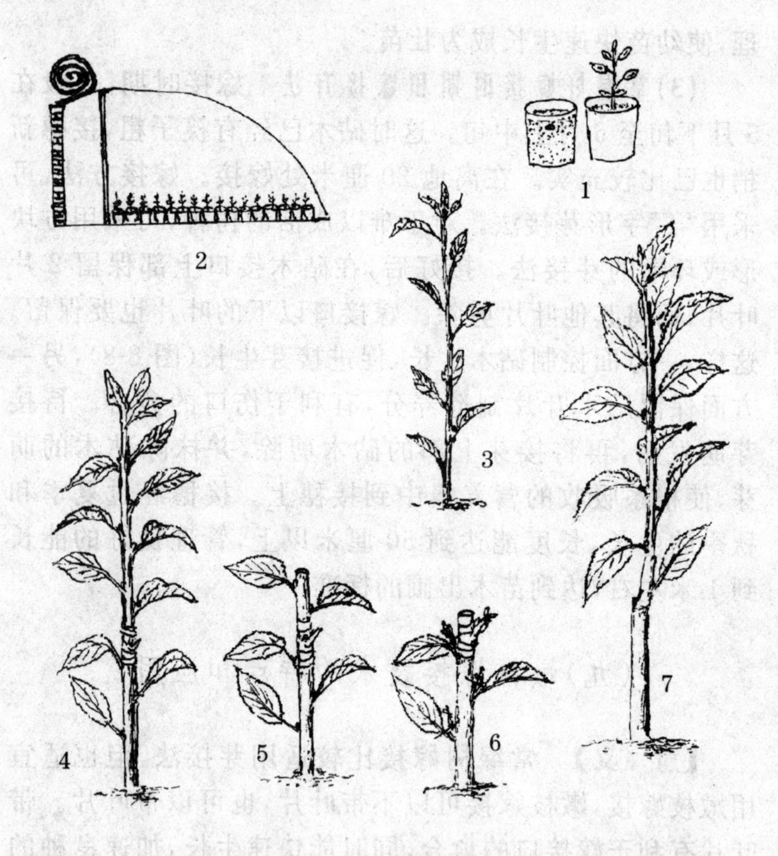

图 8-8　当年育苗、当年嫁接、当年出圃的"三当"育苗法技术

1. 在早春将砧木种子催芽后种入营养钵中　2. 在温室中提早育苗,增加幼苗的生长期　3. 在春季将幼苗定植田间,促进生长　4. 在春末夏初进行嫁接,一般采用"T"字形芽接法　5. 接后在砧木接口上方留 2 枚叶片,将上部剪去,将接口以下的叶片保留　6. 当接穗芽萌动时,将接芽以上的砧木剪除,接芽以下叶片保留,掰除叶腋中的萌芽　7. 嫁接苗至秋后长成较大的商品苗

分，有利于愈伤组织的生长，愈合后生长快。嫁接后先不剪砧，但要控制砧木生长，嫁接成活后将接穗上部的砧木剪除，加速接穗生长。

(2)顶端劈接法 葡萄嫩枝嫁接可用嫩枝劈接法(参考图7-7)。其他常绿树也可以用此法。选用粗壮接穗，可在砧木同等粗度的部位嫁接，保留接口下砧木的叶片。接穗也可以适当保留叶片，接后也要套塑料袋。为了避免阳光照射温度过高，嫁接时期应在早春，白天气温在20℃左右为宜(图8-9)。

【注意事项】 接穗保留叶片时保留多少要根据具体情况而定。对于蜡质层厚的小叶片，接穗如果留2～3个芽，则2～3个叶片都可保留。如果叶片较大则可将叶片切除一半，保留一半叶片。如果叶片很大，只能保留一小部分叶片。接穗芽即将萌发可不留叶片，一般葡萄嫩枝嫁接不留叶片。

(十)快速繁殖中间砧的二重接

【意　义】 采用矮化砧木进行嫁接，可以使嫁接果树生长矮小。但是，有些矮化砧木繁殖很困难，还有的矮化砧木根系生长过弱，在冬季地上部分容易发生枯梢抽条。如果采用中间砧，在果树树干部位夹一段矮化砧，可以弥补以上缺点，达到根系发达树冠矮小，同时繁殖苗木比较快的目的。二重接，是快速繁殖具有中间砧果树苗木的方法。

【技术操作要点】 以苹果树为例，进行二重接要先

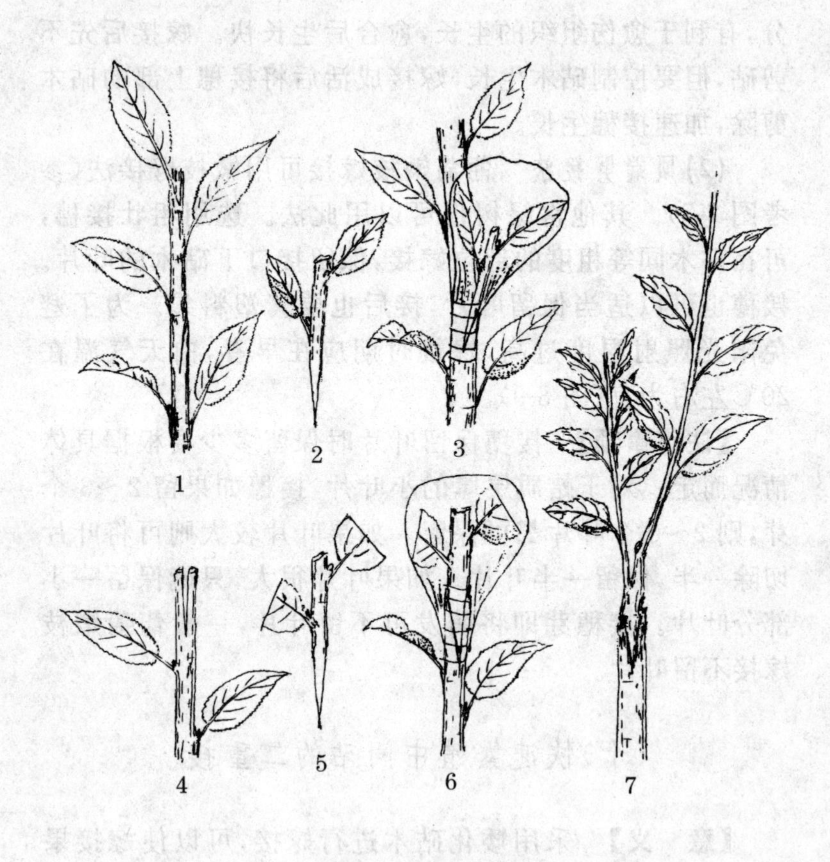

图 8-9 嫩枝嫁接

1. 用腹接法砧木切一斜下口 2. 接穗切削 3. 接穗插入后用塑料袋套上 4. 用劈接法砧木切断后劈口 5. 接穗切削 6. 嫁接后套塑料袋 7. 嫁接成活后生长情况

培养海棠等乔化砧木苗。再在砧木接近地面的地方，采用"T"字形芽接法(参考图 7-18)，嫁接上一个矮化砧的芽和一个苹果芽(矮化砧要采用有明显矮化作用的类型)。

1个芽接在正面,1个芽接在背面。到翌年春季剪砧后,2个芽都萌发。当新梢长到50厘米以上时,在离砧木15~20厘米处,将2个新梢进行靠接(参考图7-13)。靠接时要注意,中间砧选留的长度决定了矮化的程度。如果要求矮化程度大,就要把中间砧留长一些,靠接的部位要高一些。如果要求矮化程度小一些,树冠较大一些,就要把中间砧留得短一些,靠接的部位降低一些。

嫁接1个月后,靠接部即全部愈合。这时,可将苹果枝在接口下部剪断,并将矮化砧从接口上部剪除。这样,海棠根上面是矮化砧,矮化砧上面是苹果树(图8-10)。这种中间砧苗木通过2次嫁接,2年即能育成中间砧苗,比常规嫁接可节省1年的时间。

(十一)快速繁殖中间砧的分段嫁接法

【意 义】 分段嫁接法与二重接一样,也是培养具有矮化作用的中间砧果树苗木的一种方法。

【技术操作要点】 采用这种方法,先要培养生长旺盛的矮化砧,使矮化砧新梢尽量长得长一些,而后在矮化砧上每隔一段距离接上一个优种芽。每株砧木上下可接几个芽。以苹果树为例,到第二年春季,把顶端有苹果芽的砧木,一段一段地剪下来,再嫁接到普通砧木上。芽接可用"T"字形芽接法(参考图7-18),春季枝接可用切接(参考图7-8)、合接(参考图7-11)或插皮接(参考图7-1)。嫁接成活后,只能让顶端的苹果芽生长,其他萌蘖要全部去除。这种嫁接苗生长1年后,一般能长成1米以上的中

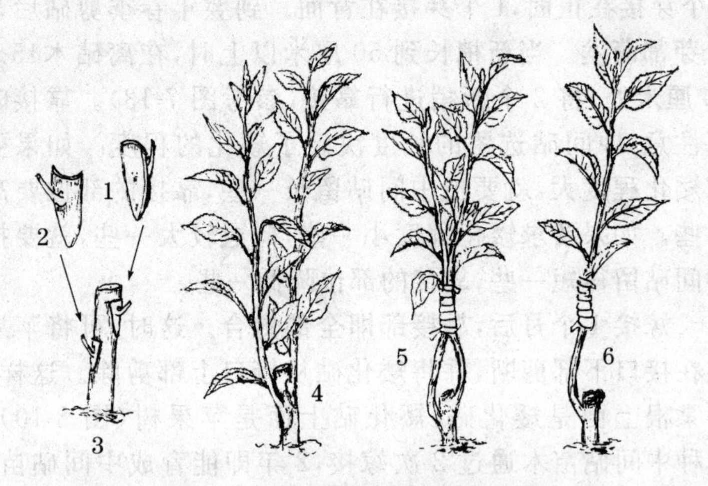

图 8-10　快速繁殖中间砧的二重接

1. 削取的优良品种芽片　2. 削取的作为中间砧的矮化树种芽片　3. 将 2 个芽分别嫁接在同一棵根系发达的砧木上　4. 在第二年春季，2 个芽同时萌发生长　5. 在 2 个芽所长出新梢的适当部位进行靠接，使两者连接在一起　6. 靠接成活后，将中间砧的上部新梢和优种新梢的下部主干剪掉，形成下部是发达的根系、上面是中间砧、再上面是优种新梢的果树幼苗

间砧壮苗(图 8-11)。

矮化砧上部带接芽的枝条，在春季被剪掉后，由于它的根为多年生，一年比一年发达，因而再长出的新梢生长势旺，可以再用分段嫁接法繁殖中间砧。这样，矮化砧可以年年供苗使用，而且所繁殖的中间砧越来越多，从而形成嫁接中间砧的采穗圃，提高发展中间砧的速度。

将以上二重接和分段接相比较，前者适合矮化砧材料比较少时应用，后者适合于矮化砧材料比较多时应用。

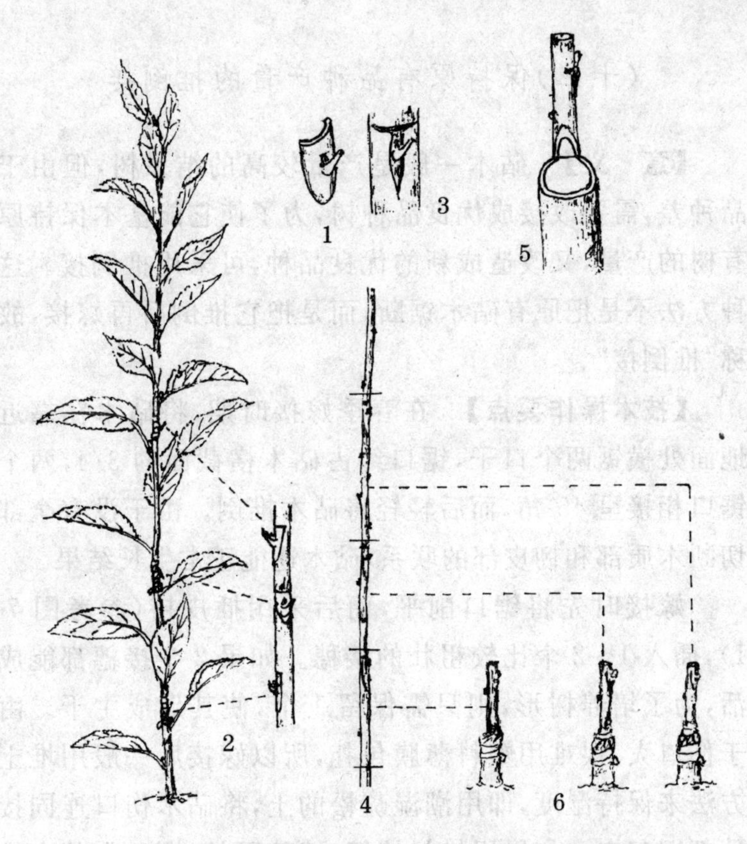

图 8-11　快速繁殖中间砧的分段嫁接技术

1. 从优良品种接穗上所取的芽片　2. 将芽片嫁接在矮化砧木上。可上下分段嫁接多个接芽　3. 嫁接时一般采用"T"字形芽接法　4. 第二年春季将长成的中间砧苗进行分段剪截　5. 嫁接在根系发达的普通砧木上。嫁接时一般采用合接法或切接法　6. 分段嫁接可加速中间砧苗木的繁殖

但是，二者都是快速发展中间砧的方法。

(十二)保持原有品种产量的推倒接

【意　义】 砧木一般是产量较高的结果树,但由于品种差,需要改接成优良品种树,为了使它能基本保持原有树的产量,又改造成新的优良品种,可采用推倒接。这种方法不是把原有砧木锯断,而是把它推倒后再嫁接,故称“推倒接”。

【技术操作要点】 在春季嫁接时期,将砧木在靠近地面处横锯两个口子,锯口约占砧木横截面的 3/4,两个锯口相接呈 45°角,而后轻轻将砧木推倒。由于没有全部切断木质部和韧皮部的联系,砧木还能正常生长结果。

嫁接时先将锯口削平,而后采用插皮接(参考图 7-1),插入 1～2 个比较粗壮的接穗。如果 2 个接穗都能成活,为了培养树形,则只需保留 1 个,使其形成主干。由于伤口大,很难用塑料薄膜包扎,所以嫁接后一般用堆土方法来保持湿度,即用潮湿疏松的土,将砧木伤口连同接穗都埋起来。如果用蜡封接穗,接穗可长一些,使其在堆土后有 1～2 个芽露出土面。嫁接成活后,要注意培养主枝和整形修剪。被推倒的砧木,可继续开花结果,需要进行正常的管理。但是,要控制它生长,逐渐剪除影响新品种光照的枝条,以便为嫁接成活的新品种让出空间。接穗生长 2～3 年后,即开始进入初果期。这时,可以将推倒的砧木从伤口处锯断(图 8-12),以利于新品种的生长。

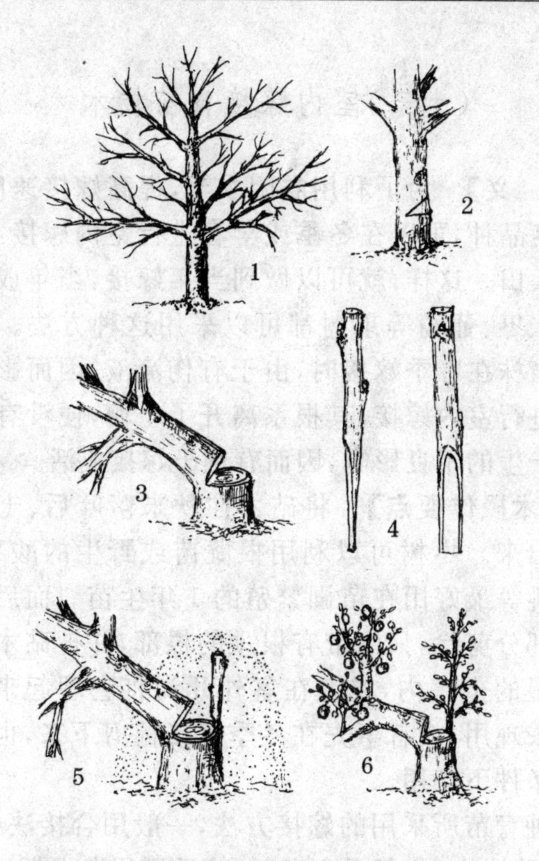

图 8-12　保持原有品种产量的推倒接技术

1. 准备改良品种的砧木　2. 在树干基部锯两个呈 45°角的口子，交接处约占砧木横截面的 3/4　3. 将砧木推倒　4. 优种接穗切削好以后的正面和侧面　5. 用插皮接或切接、贴接的方法，将接穗插入砧木锯口处(锯口要削平)，接后用疏松湿润的土壤埋住，以保持湿度　6. 嫁接成活后，接穗可快速生长，砧木还能结果，并保持一定的产量

（十三）室内嫁接育苗技术

【意　义】 为了利用农闲季节，提高嫁接速度，加速繁殖优良品种，可以在冬季或早春进行室内嫁接，而后再移栽于大田。这样，就可以做到当年嫁接，当年成苗。例如，核桃、枣、葡萄等果树都可以采用这种方法。核桃树和葡萄植株在春季嫁接时，由于有伤流液，因而影响成活率。而进行室内嫁接，其根系离开了土壤，便没有伤流液及其所产生的不良影响，因而有利于嫁接成活。

【技术操作要点】 将砧木在秋末落叶后、土壤冻结之前挖出来。枣树可以利用根蘖苗或野生的酸枣苗，葡萄和核桃等最好用在苗圃繁殖的1年生苗。而后把砧木的地上部分剪除，只用带有根颈的根部，并把砧木的根贮藏在冷湿的土窖内，或者在室外开沟将它埋起来。接穗可以现采现用，或者事先在冬季把接穗剪下来，也贮藏在冷湿的条件下备用。

这种育苗所采用的嫁接方法，一般用合接法（参考图7-11）或舌接法（参考图7-12）。接后用尼龙绳捆绑。所用的尼龙绳在湿土中，3个月后能断裂，不影响嫁接树的生长。如果用塑料条捆绑，则必须在接穗嫁接成活以后进行人工解绑。室内分批嫁接的嫁接苗，都埋在湿沙中。嫁接操作，可在塑料大棚或温室中进行。到早春接穗芽萌发之前，要将嫁接苗移到大田之中。如果在早春嫁接，接后也可直接种入大田。为了保持温度和湿度，要用双膜覆盖嫁接苗，即在地面上铺地膜，上面再加小拱棚（图

8-13)。等到嫁接苗愈合发芽后,小拱棚内气温过高时,要打孔通风,直到完全成活、接穗长大后,再除去小拱棚。通过加强管理,到了秋后,嫁接苗可长到1米多高,形成健壮的优质苗木。

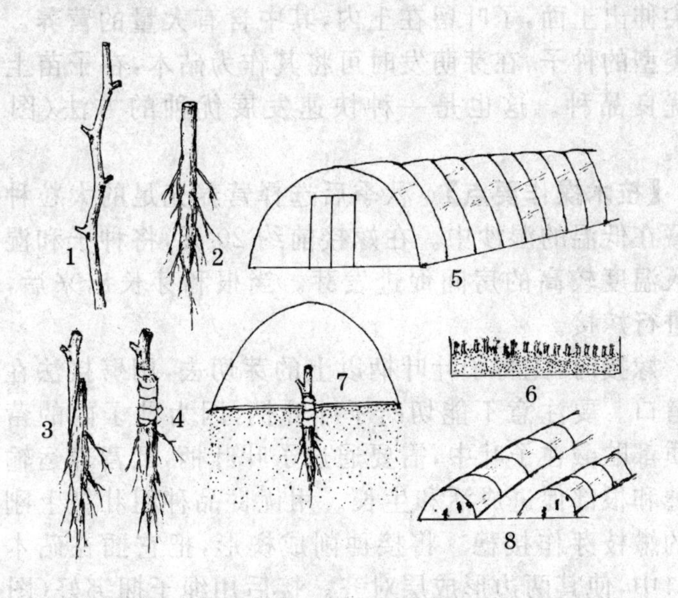

图 8-13　室内嫁接育苗技术(以酸枣接冬枣为例)

1. 采粗壮的冬枣枣头枝　2. 挖野生的酸枣根作砧木　3. 冬季在室内用合接法或舌接法进行嫁接　4. 接后将接口捆紧绑严　5. 将嫁接苗放入温室或塑料大棚中　6. 将嫁接苗埋在湿沙中保温保湿,进行愈合　7. 早春将已经愈合即将萌发的嫁接苗移入大田,覆盖双膜,即盖地膜和小拱棚　8. 育苗地的情况。采用这种方法,当年可以长成出圃壮苗

(十四)子苗嫁接技术

【意　义】 有些大粒种子,如核桃和栗子,在发芽时茎尖伸出土面,子叶留在土内,其中含有大量的营养。这种类型的种子,在芽萌发时可将其作为砧木,在子苗上嫁接优良品种。这也是一种快速发展优种的方法(图 8-14)。

【技术操作要点】 秋季后选择营养充足的大粒种子贮藏在低温的湿沙中。在嫁接前约 20 天,将种子和湿沙转入温度较高的房间促进发芽。当根和芽长出来后,即可进行嫁接。

嫁接时,先将子叶叶柄以上的芽切去,用劈接法在中间劈口。要注意不能切断子叶叶柄,因为种子内的营养物质都贮藏在子叶中,需要通过子叶叶柄,把营养运输到接穗和根部促进成活和生长。用优良品种粗壮枝上刚发芽的嫩枝芽作接穗。将接穗削成楔形,把它插在砧木的劈口中,使其两边形成层对齐。接后用绳子捆绑好(图 8-5)。

将嫁接好的种苗种植在大田中,和室内嫁接一样,种植时间以早春为好,并且要覆盖双膜,使接口在地膜下,接穗在地膜上的小拱棚内。通过加强管理,使种苗在当年可以成苗出圃。

(十五)盆栽果树快速结果嫁接法

【意　义】 将带花芽的接穗,嫁接在盆栽的砧木上,

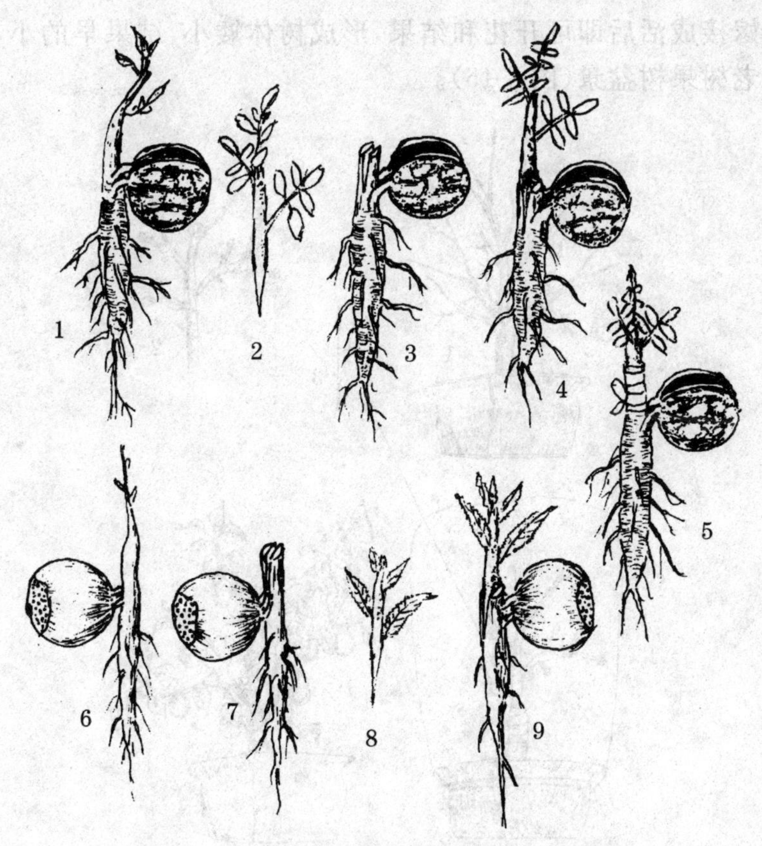

图 8-14　子苗嫁接技术　（以核桃、板栗为例）

1. 使核桃呈发芽状态　2. 选取优种树上刚萌发的嫩梢作接穗，切削成两个马耳形斜面，从侧面看呈楔形　3. 将砧木截断并劈一劈口　4. 用劈接法进行嫁接　5. 用塑料条捆绑嫁接部位　6. 使板栗呈发芽状态　7. 将砧木截断，并在中央劈口　8. 将嫩枝接穗切削出两个马耳形斜面，从它侧面看呈楔形　9. 用劈接法嫁接

嫁接成活后即可开花和结果，形成树体矮小、结果早的小老树果树盆景（图 8-15）。

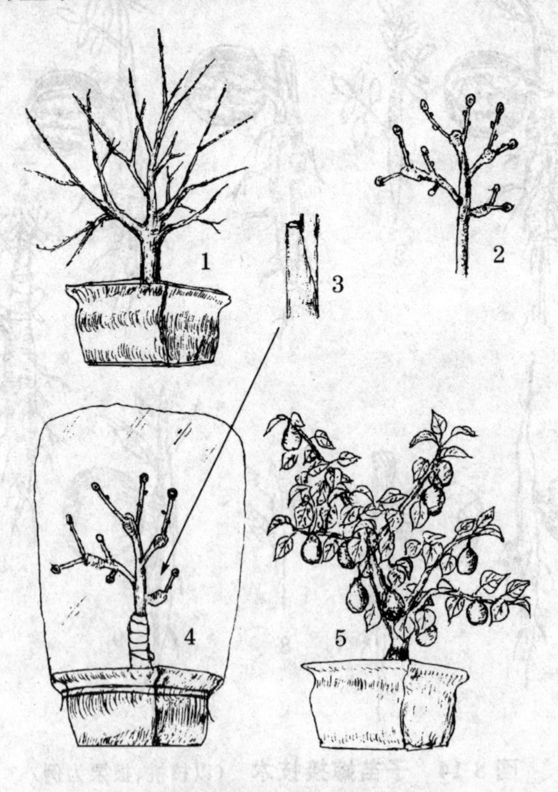

图 8-15　盆栽果树快速结果嫁接法

1. 培养好砧木，并将它种植于花盆中　2. 早春在丰产大树上采取花芽饱满的中型结果枝组作接穗　3. 用合接法进行嫁接　4. 接后用塑料条捆绑，并套上塑料袋。为了提早萌发，可以将嫁接的盆栽果树放入温室中　5. 嫁接树在嫁接当年，可以开花结果，形成一棵盆栽果树

【技术操作要点】 砧木要生长健壮,根系发达,有很强的生命力,最好先栽在苗圃中培养,并在砧木苗的根系下土深约 10 厘米处,埋一块砖头,以使根系往四周生长。当秋后将它移入盆中时,它便具有完整的根系。也可以让它在盆中再生长 1 年。到早春,将砧木花盆移入温室中,等砧木芽萌动后进行嫁接。接穗采用比较粗壮的带有花芽的结果母枝。为了增加花芽数量和结果量,也可以采用多头嫁接的方法,将接穗接在分枝上;或者用带有分枝的结果枝组作接穗。

盆栽果树快速结果的嫁接方法,一般可用合接法(参考图 7-11)或劈接法(参考图 7-6)。嫁接后,要用塑料条捆绑,再用一个较大的塑料袋将地上部全部套起来,以保持空气湿度。然后把它放入 25℃左右的温室内。盆栽果树嫁接成活后,要加强管理。要适时除去上面所罩的塑料袋,加强肥水管理,防治病虫害。开花后要进行人工授粉,以提高坐果率。另外,还要进行整形和圈枝等工艺,使树形美观。盆栽果树的根系不可能扩大,因此只要挂果多,就可以形成小老树,具有良好的观赏效果。

(十六)将大树结果枝转为盆栽果树的技术

【意　义】 为了加速形成盆栽果树,而且要形成年龄较老的树桩盆景,可以利用正在结果的果枝,通过靠接转移到盆内,形成盆栽果树(图 8-16)。

【技术操作要点】 先培养砧木,形成根系发达、生长健壮的盆栽砧木。再在结果大树上选择合适的结果枝,

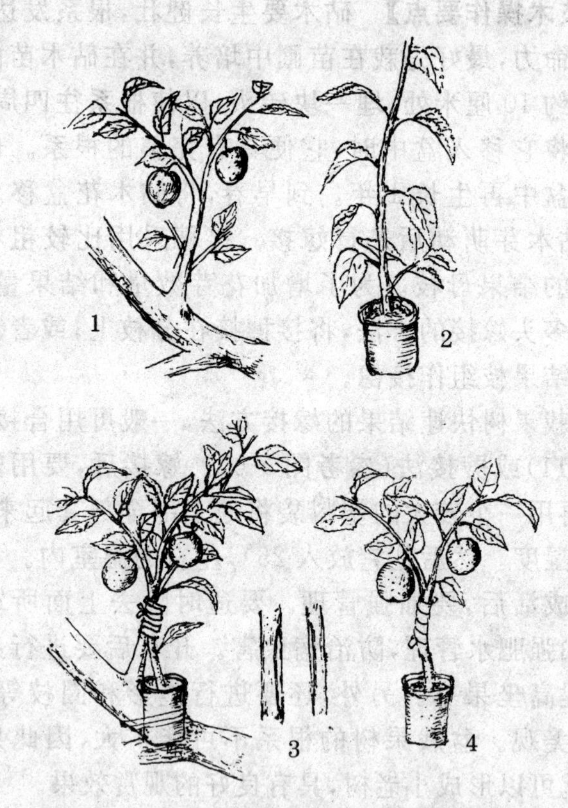

图 8-16　将大树结果枝转入盆栽果树的技术

1. 在丰产大树上找一个结果部位比较合适的枝条作为接穗　2. 在花盆中培养好砧木　3. 将盆栽砧木绑在结果树枝杈上，用靠接法将砧木与带有果子的接穗靠接在一起，并用塑料条捆绑紧　4. 嫁接成活后，将砧木新梢剪掉并分 2 次把接穗与大树分离，形成一盆带果的盆栽果树

将盆栽的砧木基部和所选的结果枝靠在一起，并将花盆绑在大树上，最好把它搁在树杈上并捆绑紧。嫁接时采

用靠接法(参考图 7-13),用塑料条将二者伤口捆在一起。一般需要 60 天,才能使砧木和接穗充分愈合。待伤口愈合后,将接口以上的砧木剪除,将接穗从接口以下处剪断。这一过程要分 2 次来完成。第一次在接后 40 天时,把接口以上的砧木剪除,并把接口下的接穗剪断约 3/4,再过 20 天后,才将接穗全部剪断。一般接穗剪断时,正值果实完全成熟期。这样,果实的生长就基本上是利用结果大树根系吸收的水分和营养,等到果实成熟、接穗基部被剪断后,即可以保证果实的品质,从而提高盆栽果树的观赏价值。

(十七)挂瓶嫁接法

【意　义】 进行嫩枝嫁接,采用靠接法最容易成活。但是,带有根系的接穗很难靠近砧木,用花盆移栽后再嫁接比较困难。采用挂瓶嫁接法,就能克服这个困难而获得好成效。

【技术操作要点】 嫁接方法可应用一般靠接法(参考图 7-13)。接穗要比较长,先将接口下部插入盛满水的瓶子中,然后将瓶子固定在砧木上(图 8-17)。这样,在伤口愈合过程中,当接穗尚得不到砧木供应的水分之前,可以吸收瓶中的水分,避免因水分不足而干死。所挂瓶中的水分蒸发比较快,每天需要予以补充,大约需要 30 天,接穗和砧木才能愈合。这时才可撤去瓶子,并把接口下方的接穗和接口上方的砧木剪去。

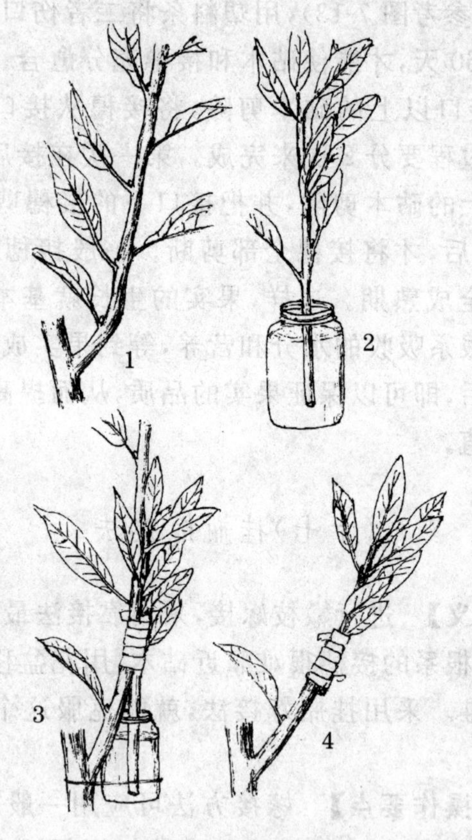

图 8-17 挂瓶嫁接法

1. 选取生长健壮的砧木枝条 2. 带叶接穗的枝条较长，下部能浸入清水中 3. 用靠接法将砧木和接穗嫁接在一起，将接穗下端插入装满清水的瓶子中，以保持枝叶不萎蔫 4. 嫁接成活后撤去瓶子，并把接口以下的砧木剪掉

（十八）挽救树皮腐烂的桥接法

【意　义】 果树发生腐烂病，或遭受虫害与机械损伤，引起树皮腐烂，造成很大的伤口，影响水分和养分的运输，使树势衰弱，寿命缩短，甚至死亡。采用桥接法，可以使伤口上下接通，恢复树势。这是果树生产中很重要的一种嫁接方法（图 8-18）。

【技术操作要点】 桥接时，接穗要选用细长而比较柔软的枝条，如嫁接苹果树最好用“红玉”品种的长发育枝。为了提高成活率，接穗也需要先进行蜡封。由于枝条长，封蜡时需要较大的容器，或者用毛笔蘸蜡后刷在接穗上，也可以用塑料薄膜将接穗缠起来。

进行这种嫁接，可用皮下腹接法（参考图 7-15）或去皮贴接（参考图 7-5）。要求两端削面长一些，分别插入伤口上下部位。如果插得深而紧，可以不必再捆绑。用贴接法时，接穗贴在砧木槽中，可用钉子钉住。因为患腐烂病的一般是大树，树干很粗，塑料条很难捆紧。为了防止接口水分蒸发，可以在接口上涂抹少量硬质白凡士林或者接蜡。

有些腐烂病斑下部长出萌蘖，可用来在病斑上部进行皮下腹接。或者在病斑附近种一株小树代替。接穗被插入后，涂上硬质白凡士林或者接蜡即可（参考图 6-2）。

【注意事项】 桥接成活后，用于桥接的接穗常会长出枝叶。对此，一般第一年不必除去，因为这样做有利于枝条的加粗生长，到冬季修剪时再剪除。

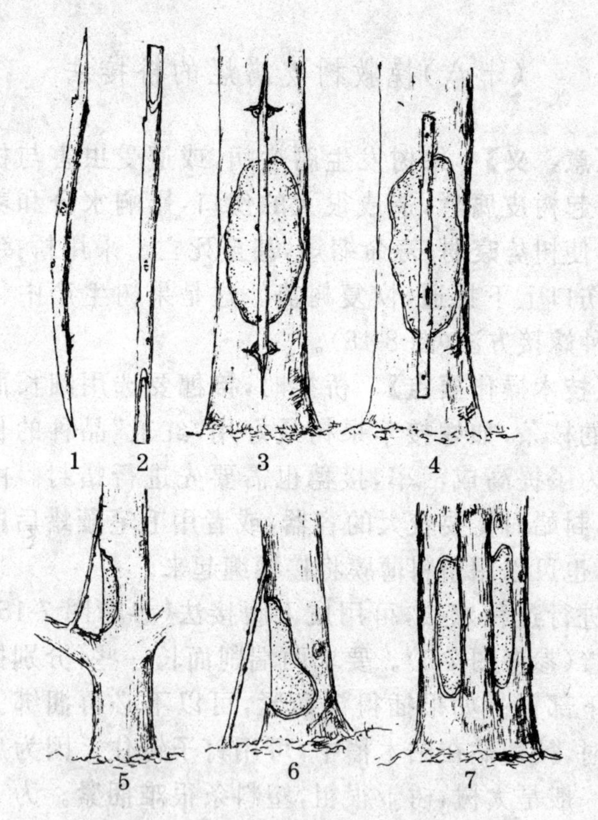

图 8-18　挽救外皮腐烂树的桥接法

1. 选取弯曲的枝条作桥接的接穗　2. 在接穗两头分别切削两个马耳形斜面　3. 在树皮腐烂砧木的上下各切一个"T"字形口,用皮下腹接的方法将两头都接好　4. 也可采用去皮贴接法,将接穗贴在除去树皮的砧木槽中而后用钉子钉住　5. 保留在腐烂病斑下方生长出的新梢,将它们的顶端接插入病斑上部的树皮中　6. 在病斑以下根部萌生的萌蘖,也可以将其顶端插入病斑上部树皮中　7. 桥接成活几年后,接穗生长粗壮,起沟通作用

(十九)利用苗圃剩余根系的根接法

【意　义】 为了加速良种的发展,可利用苗圃地果树出圃时切断的小根,在室内进行嫁接,把它嫁接在较粗壮的接穗上,而后再种植到苗圃地育苗。这样做,可使苗圃中切断的小根由废物变成"宝贝",有效地加速良种的发展(图8-19)。

【技术操作要点】 在秋季苗木出圃后进行耕翻时,可以翻出不少切断的砧木根。将这些根集中起来,埋在湿沙中。一般到冬季,结合修剪,用较粗壮的接穗,同时挑出较粗壮的断根,进行嫁接。采用劈接(参考图7-6)或插皮接(参考图7-1)的方法,将根插入接穗中,接后用能自行腐烂的麻绳或马蔺等捆绑。在冬季嫁接后,先把嫁接苗贮藏在窖内的湿沙中,保持低温和潮湿。等到春季,再把嫁接苗栽入苗圃中。如果是在春季嫁接,嫁接好后可直接将其栽入苗圃中。栽植时,要把根和大部分接穗都埋入湿土中,而后用地膜覆盖,最好再用小拱棚保温保湿。

(二十)形成弯曲树形的倒芽接

【意　义】 倒芽接是嫁接时将芽向朝下,嫁接成活后枝条开始向下生长而后再弯曲向上,使枝条角度开张。在果树生产上倒芽接不宜用于育苗而适宜用在幼树多头高接上,使直立枝开张角度,提早结果,特别适用于制作

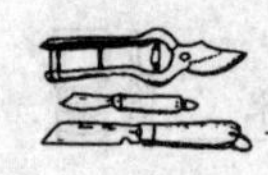

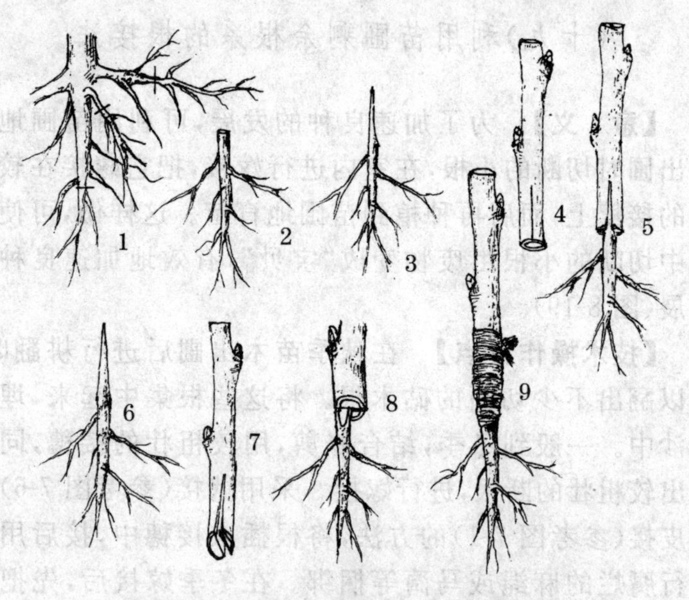

图 8-19　利用苗圃剩余根系的根接法

1. 砧木出圃时残余的小断根　2. 小根可以作砧木　3. 在根的上部削一大斜面　4. 将接穗切一纵切口　5. 用插皮接方法将小断根插入接穗中　6. 将根的上部削成楔形　7. 在接穗下部劈裂口　8. 用劈接法把小断根插入接穗裂口　9. 接后用麻绳把接口捆绑紧

果树盆景(图 8-20)。

【技术操作要点】　倒芽接应该接在直立型主枝上，嫁接在主枝的外侧，可采用"T"字形芽接(参考图 7-18)或方块芽接(参考图 7-20)。初夏嫁接当年可萌发，秋季嫁接当年不萌发，第二年剪砧后萌发生长，倒芽接的成活率和正芽接基本相同，生长也不受太大影响。

【注意事项】 倒芽接只适宜芽接，如果用枝条倒置嫁接，一般不能成活。倒芽接，嫁接成活后要加强管理，使枝条有一个合适的生长角度。

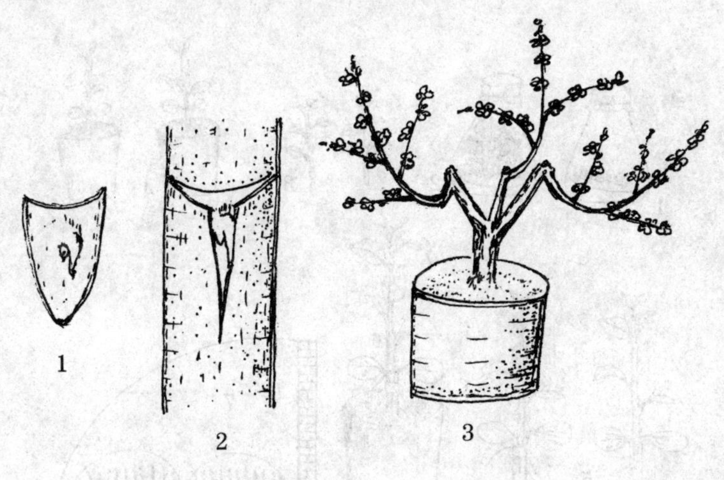

图 8-20 倒 芽 接

1. 倒置切削接穗 2. 接穗倒置插入砧木"T"字形口 3. 剪砧后生长出弯曲枝条，提早开花结果

(二十一)用于快速繁殖的试管苗嫁接

【意 义】 利用组织培养快速繁殖技术来发展脱病毒的优种苗，在我国已开始应用。常规的步骤需将分化的试管苗转入生根培养基，当根产生后再移苗和炼苗。试管苗移栽一般是一个难关，从一棵试管苗发展到大田的生长苗，需要解决很多技术问题。利用试管苗嫁接，可以省掉试管苗生根和移苗的环节，同时可以直接发挥砧

木的特性。因为试管苗是自根苗，往往生长高大，结果晚，抗逆性较差，如果嫁接在具有矮化、抗逆性强的砧木上，就可直接形成理想的嫁接苗(图 8-21)。

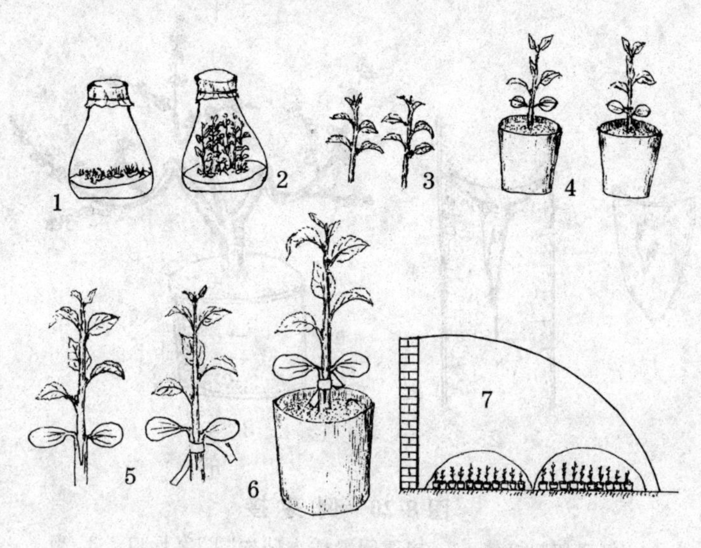

图 8-21　用于快速繁殖的试管苗嫁接

1. 将优种用组织培养方法进行快速繁殖　2. 用适当的培养基使试管苗长高　3. 剪取试管苗作接穗　4. 在营养钵中种植砧木苗。在嫁接前剪断新梢，保留子叶　5. 用劈接法嫁接，接后用塑料条捆紧　6. 试管苗嫁接后的植株　7. 将嫁接苗放入温室中，并盖上塑料小拱棚，以保持湿度和温度

【技术操作要点】 将砧木先种在营养钵中。以苹果为例，可将海棠种子催芽后种在营养钵内，出苗后加强管理，当幼苗生长到 5～10 厘米高时即可嫁接。也可以将生根后的矮化砧如 M_{26} 的脱毒试管苗移栽在营养钵中，放在温室内培养，等到嫁接时作为砧木。用作接穗的试管

苗,要在试管内促成生长,而后剪取2～3厘米长带顶芽的茎端,进行嫩枝嫁接。

嫁接采用劈接法。由于试管苗和砧木苗都很幼嫩,因而可用剃须刀片来嫁接。先将砧木切断,再在中间纵切一劈口。然后在接穗下端削两刀,形成楔形,把它插入劈口中,再用约3毫米宽的塑料条轻轻捆住。在批量嫁接时,一般可把塑料条系在砧木上,打一个活扣,插入接穗后将活扣上移到接口处,把它拉紧,即可固定住接口。

嫁接后,将嫁接苗放入温室或塑料棚内,再盖上小拱棚,以保持空气湿度的基本饱和,防止接穗萎蔫。嫁接时速度要快,接完后立即把嫁接苗放入塑料小棚中。一般嫁接5天后,可适当通气,而后再盖上。1周后基本愈合,要打开一个小口通气。10天后,可除去小棚。在愈合过程中,温度以15℃～25℃为宜,光照以充足为好。

当嫁接幼苗长到10厘米以上高时,切断接口的塑料条,而后即可连营养钵带土(或其他基质)移入大田。栽后即浇水,并加强管理。嫁接一般在早春进行,4月份移栽到田间,经过夏季和秋季生长,即能成苗出圃。大粒种子也可以将试管苗接在子苗上。例如,核桃试管苗接在子叶苗上,可获得良好的效果。

(二十二)培养无病毒苗的微体嫁接技术

【意　义】 果树有各种病毒病,而病毒病都可以通过普通嫁接来传染,这叫“嫁接传染”。植物体内病毒的分布是不均匀的,有的部位病毒多,有的部位病毒少。在植物的茎尖，由于细胞分裂很快，又没有输导组织，而病毒一般又是通过输导组织传布的，所以茎尖便基本上不带病毒，茎尖越小的顶端所带病毒的概率越小。切取很小的茎尖，进行微体嫁接，可以获得无病毒苗。以这种无病毒苗为原原种，可以发展大量的无病毒良种苗(图 8-22)。

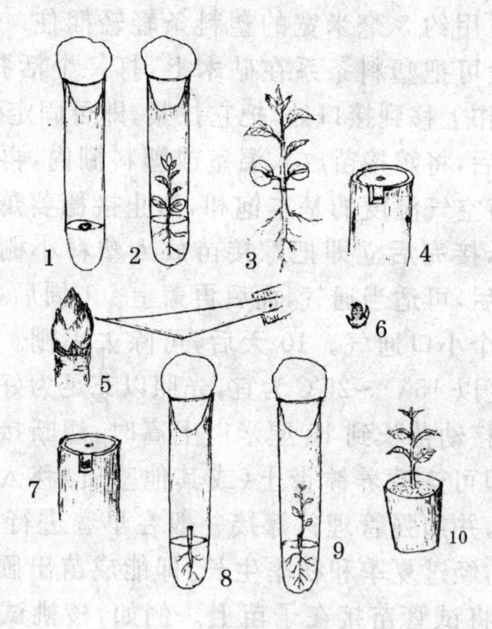

图 8-22　培养无病毒苗的微体嫁接技术

1. 将培养砧木的种子消毒，然后种入试管中培养　2. 培养出一株无菌的子叶苗　3. 取子叶苗切断　4. 在伤口处割去一小块树皮形成一道小槽　5. 用刀尖剥离茎尖　6. 切取优良品种茎尖的生长点，其大小要小于 0.3 毫米　7. 将小茎尖平放在砧木的小槽中　8. 嫁接完成后，再将它接种到试管中培养　9. 接穗萌发生长，形成一株试管苗　10. 将试管苗移入盆中，即为无病毒苗原原种

【技术操作要点】 由于微体嫁接所用的接穗，是很微小的幼嫩茎尖，因此砧木也必须用幼嫩的材料，同时在嫁接后还必须有良好的愈合和生长环境。所以，嫁接后要放在试管内培养，待成活后再移出来。

砧木种子要先消毒，而后再种在试管内，待出苗后再取出作嫁接用。将砧木切断下胚轴，在切口处边上切一个小槽，槽的长、宽均约为 0.5 毫米，槽底要切平。对接穗要先取芽进行消毒，而后在解剖镜下剥取茎尖。如果是切取试管苗的茎尖，则可不必消毒。茎尖长度要小于 0.3 毫米，并带 2 片叶原基，基部要切平。而后用解剖针蘸点无菌水，粘上小芽尖，放入砧木切口的槽内，使基部伤口互相连接，再把嫁接苗移入试管内培养。

以上的嫁接操作，都必须在超净工作台上进行无菌操作，培养也是用组织培养的方法进行无菌培养。待嫁接成活后，再将它培养成试管苗，移出来先在温室内过渡，而后再移栽到大田中去。

微体嫁接苗经过病毒鉴定，确定为无毒苗后，可以作为无病毒苗原原种保护起来。然后，从原原种苗上剪取接穗进行嫁接，使其成为无病毒的原种苗。原种苗可在各良种繁殖场发展成良种母树。在良种树上采接穗嫁接成为良种苗，形成无病毒苗木繁殖体系。无病毒果树苗木的具体繁殖程序，如图 8-23 所示。

从图 8-23 中可以看出，微体嫁接和茎尖培养及热处理，都可以形成无病毒苗。虽然形成无毒苗很困难，但是并不是成活一株无毒苗就种一株，而是要将无毒苗作为无性繁殖的原原种，发展大量无病毒苗木。这是一项很有意义的生物工程。

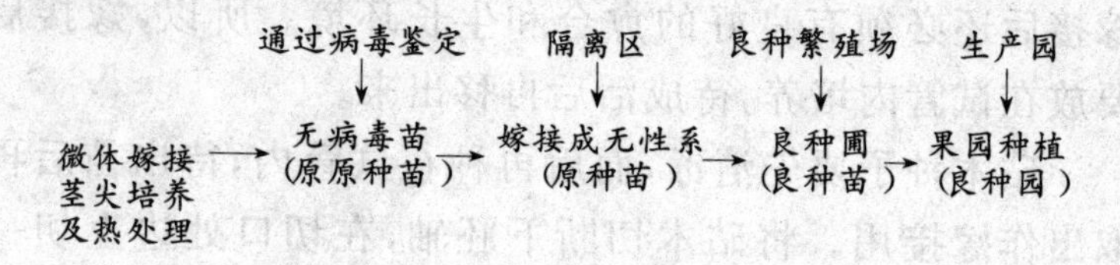

图 8-23 无病毒苗木繁殖程序

(二十三)利用嫁接传染来鉴定病毒病

【意 义】 为了发展无病毒苗木，对于经过脱病毒处理的原原种苗，包括茎尖组织培养或微体嫁接的原原种苗，是否还带病毒病，必须进行生物学鉴定。鉴定方法之一是嫁接鉴定，即将它嫁接到指示植物上。指示植物是对某些病毒高度敏感并容易出现病征的植物。如果嫁接后指示植物有病征，则说明这种原原种苗不能应用和发展；如果嫁接后指示植物不发病，则说明所嫁接的是无病毒苗，可以作为原原种来发展(8-24)。

【技术操作要点】 指示植物是国际所公认的。例如葡萄斑纹病的指示植物是 St. George，葡萄卷叶病的指示植物是 Cabernetfranc。指示植物必须在没有病虫害的清洁地区隔离培养。

将通过脱毒处理的葡萄苗，嫁接在指示植物上。嫁接时一般可用嵌芽接(参考图 7-19)。接后 1 个月，接口

附近的副梢嫩叶上能出现症状。根据是否有症状，来鉴定是否是无病毒植株。

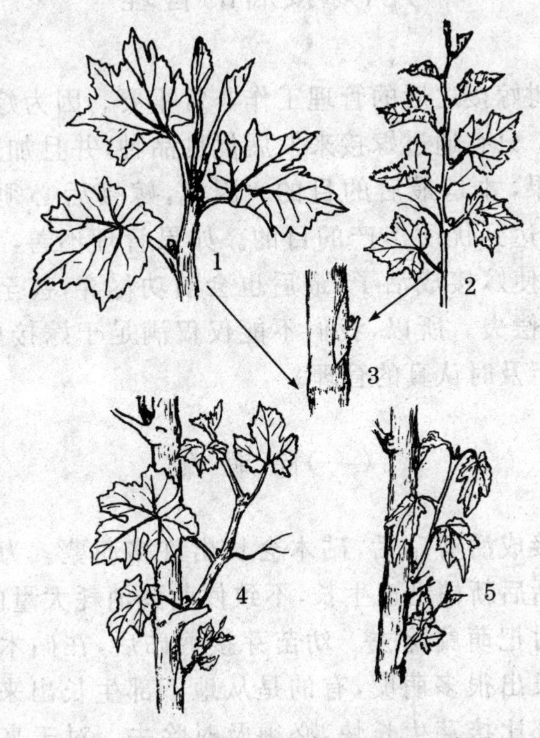

图 8-24　利用嫁接传染来鉴定病毒病

1. 指示植物　2. 经过脱病毒处理、培养的葡萄植株需进行鉴定　3. 将鉴定植株的芽嫁接在指示植物上　4. 接芽上面长出的副梢没有病征，说明鉴定植物不带病毒　5. 接芽上面所长出副梢的叶片有病征，说明鉴定植物还是带有病毒

九、嫁接后的管理

果树嫁接之后的管理工作非常重要。因为嫁接并不是目的。只有通过嫁接来发展优良品种,并且加速生长,提早结果,才是最后的目的。因此,嫁接后必须加强管理,才能达到优质丰产的目的。如果管理不善,不及时,那么,即使嫁接成活了,最后也会前功尽弃,甚至毁坏砧木,得不偿失。所以,我们不能仅仅满足于嫁接成活,还必须进行及时认真的管理。

(一)除 萌 蘖

嫁接成活剪砧后,砧木会长出许多萌蘖。为了保证嫁接成活后新梢迅速生长,不致使萌蘖消耗大量的养分,应该及时把萌蘖除去。幼苗芽接剪砧后,在砧木幼苗的基部会长出很多萌蘖,有的是从地下部生长出来的。这些萌蘖都比接芽生长快,必须及时除去。对于高接换种的砧木来说,由于砧木大,嫁接后树体上大部分的隐芽都能萌发。如果不及时除去萌蘖,砧木萌蘖生长快,而接穗生长缓慢,就会逐步死亡。因此,必须及时除去砧木的萌蘖。萌蘖清除工作,一般要进行 3～4 次。由于砧木上的主芽、侧芽、隐芽和不定芽,能不断萌生出来,因此清除 1 次是不够的,而是要随时把萌蘖除去(图 9-1)。等到接穗生长旺盛后,萌蘖才停止生长。

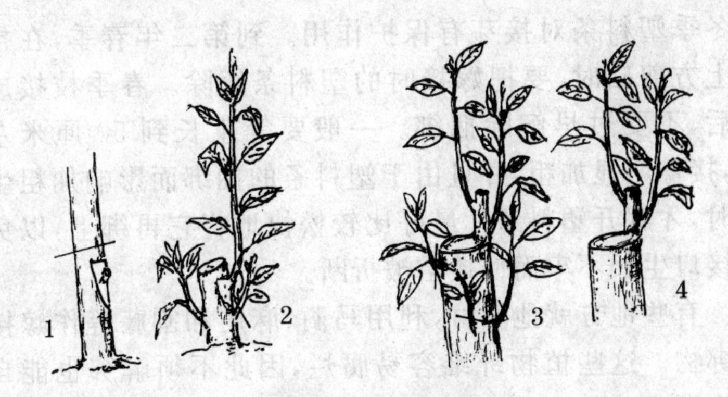

图 9-1　去除萌蘖

1. 芽接后剪砧　2. 在接芽萌发时砧木萌蘖也大量萌发，必须予以清除　3. 在枝接及高接后，接穗萌发时砧木萌蘖也同时萌发，必须予以清除　4. 嫁接树去萌蘖后的生长情况

在大树高接时，为了防止内膛空虚，应保持有一定的叶面积，如果腹接数量不够，也可以在内膛（树体中下部位）留少量萌蘖，但必须采用摘心等方法予以控制，以减少对接穗生长的影响。在接穗附近，不能留砧木萌蘖。对内膛萌蘖，可待秋季进行芽接，或在第二年春季进行枝接。

（二）解 捆 绑

现在进行果树嫁接，大多使用塑料条捆绑。塑料条和塑料套能保持湿度，有弹性，绑得紧，其缺点是时间长了以后，会影响接穗及砧木的生长。因为塑料不腐烂，所以必须解除这种捆绑物。

芽接，如果是在秋季进行的，则接后先不解绑，因为在冬季塑料条对接芽有保护作用。到第二年春季,在接芽上方剪砧时,要把嫁接时的塑料条解除。春季枝接成活后,不要过早解除捆绑。一般要等生长到 50 厘米左右,接穗明显加粗,并且由于塑料条的捆绑而影响加粗生长时,才解开塑料条。最好比较松快地将它再绑上,以免因接口生长不牢而使接苗被折断。

有些地方就地取材,利用马蔺、麻皮和割藤等作嫁接捆绑物。这些植物纤维容易腐烂,因此不须解绑也能自然松绑。

(三)立支柱

嫁接成活后,由于砧木根系发达,接穗的新梢生长很快。但是,这时接合处一般不够牢固,很容易被大风吹折。接合处的牢固程度,与嫁接方法有关。在春季枝接中,插皮接、贴接、袋接和插皮舌接等方法的接穗接活后,容易被风吹折;而采用劈接、合接和切接等方法的接穗接活后,则不容易被风吹折。所以,在风大的地区,要采用接穗不容易被风吹折的方法进行嫁接。

为了防止风害,要立支柱,把新梢绑在支柱上。一般当新梢生长到 30 厘米以上后,结合松塑料条,应在砧木上绑 1～2 根支柱。芽接的可在砧木旁边土中插一根支柱,并将其下端绑在砧木上,然后把新梢绑在支柱上。绑时不要太紧或太松,太紧会勒伤枝条,太松了则不起固定作用。大树嫁接后生长量大,容易遭风害,因此所立支柱要长一些,一般长度为 1.5 米。支柱下端牢牢地固定在接口下部的砧木上，上端每隔20～30厘米，用塑料条固定新梢。因此，固定新梢的工作，要进行2～3次。随着新梢的生长，一道又一道地往上捆绑，以确保即使七八级以上的大风也不能将接穗吹断(图9-2)。采用腹接及皮下腹接法嫁接的，一般不必再绑支柱，可以把新梢固定在上面的砧木上。

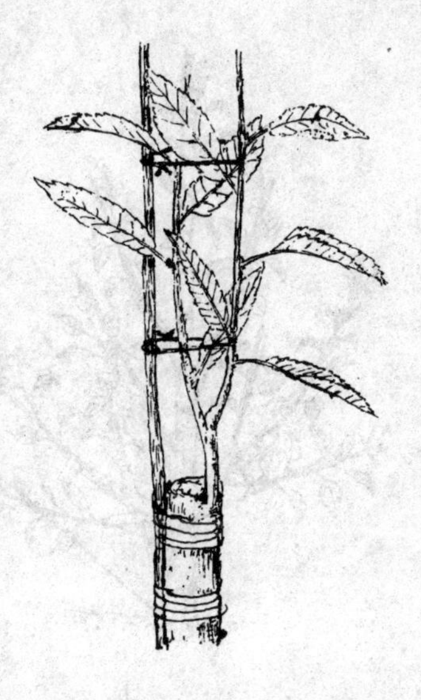

图9-2 立支柱

立支柱固定接穗生长出的枝梢，是一项非常重要的工作，很多地方嫁接成活率很高，但是嫁接保存率不高，甚至很低，其重要原因就是被风折断。因此，在嫁接的同时，要准备好竹竿、木棍等作支柱用，以提高嫁接后的保存率。

(四)新梢摘心

为了控制过高生长，当嫁接成活后，接穗新梢生长到40～50厘米时，要进行摘心(图9-3)。摘心有以下几点好处：第一，可以控制过高生长，减少风害。第二，可以促进下部副梢的形成和生长。一般果树在生长很快的主梢上不会形成花芽，而在生长细弱缓慢的副梢上则容易形成花芽。这样，嫁接后可以提早结果，往往在接后第二年就

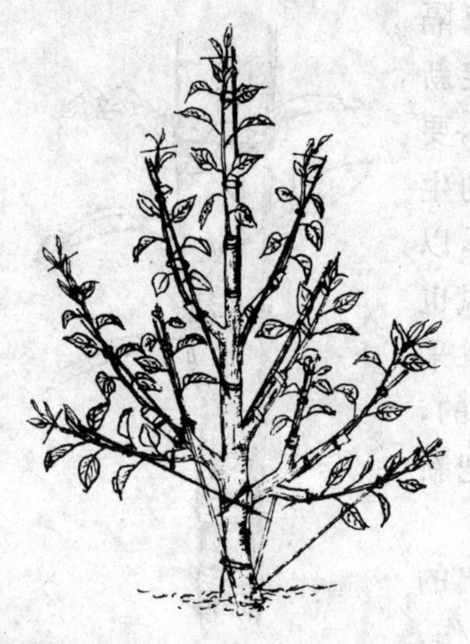
图 9-3　新梢摘心

有一定的产量。第三，摘心可控制结果部位外移。在高接换优时，接口已经比较高。如果不断向上生长，就往往会引起结果部位的外移，而内膛则无结果枝，不能形成立体结果，因而使果树不能高产稳产。通过摘心，促进果树早分枝，便可以形成立体结果。

摘心工作，可以进行2～3次。第一次摘心后，竞争枝还会继续伸展，需要再摘心。通过连续摘心，可以促进大量副梢小枝的形成。

为了育苗进行的嫁接，接穗生长后不要摘心，以形成单条生长。这种小苗，便于捆绑和运输，定植于果园后，生长整齐一致。

（五）防治病虫害

嫁接成活后，新梢萌发的叶片非常幼嫩。由于很多害虫喜欢危害幼叶，如蚜虫会从没有嫁接树的老叶上，转移到嫁接树的幼嫩枝叶上；枣瘿蚊和金龟子等，则专门危害嫩梢，能把新萌发的嫩叶及茎尖吃光，导致嫁接失败。

因此，必须加强对病虫害的防治工作，有效地保护幼嫩枝叶的生长。

另外，对高接的接口要加以保护，特别是接口太大、伤口不能在1～2年内愈合的，在接口处要涂波尔多液浆，即浓度较高的波尔多液，以防接口处腐烂。

（六）加强肥水管理

嫁接后的植株生长旺盛，喜肥需水，应及时施肥和灌水，以促进嫁接树或树苗的生长。